图灵教育

站在巨人的肩上

Standing on the Shoulders of Giants

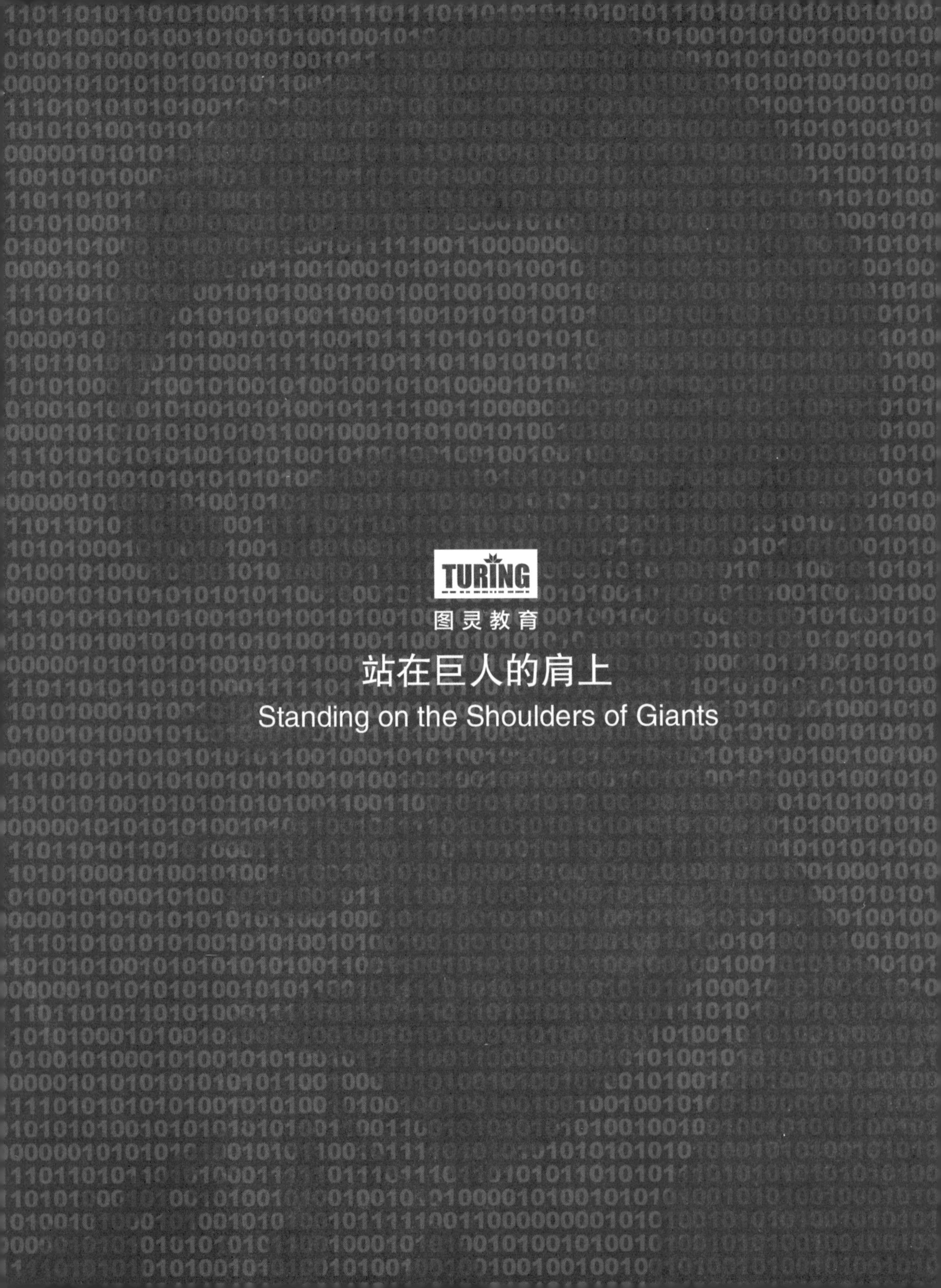
TURING
图灵教育
站在巨人的肩上
Standing on the Shoulders of Giants

TURING 图灵程序设计丛书

高效程序员的45个习惯
敏捷开发修炼之道
（修订版）

【美】Venkat Subramaniam
Andy Hunt 著
钱安川 郑柯 译

人民邮电出版社
北京

图书在版编目（CIP）数据

高效程序员的45个习惯 ：敏捷开发修炼之道 / （美）
苏帕拉马尼亚姆（Subramaniam,V.），（美）亨特
（Hunt,A.）著 ；钱安川，郑柯译. -- 修订本. -- 北京 ：
人民邮电出版社，2014.10（2022.2重印）
（图灵程序设计丛书）
ISBN 978-7-115-37036-5

Ⅰ. ①高… Ⅱ. ①苏… ②亨… ③钱… ④郑… Ⅲ.
①程序设计 Ⅳ. ①TP311.1

中国版本图书馆CIP数据核字(2014)第209046号

内 容 提 要

本书总结并生动地阐述了成为高效的开发人员所需具备的45个习惯、思想观念和方法，涵盖了软件开发进程、编程和调试工作、开发者态度、项目和团队管理以及持续学习等几方面。

本书适合所有程序员阅读。

◆ 著　　[美] Venkat Subramaniam　Andy Hunt
译　　钱安川　郑　柯
责任编辑　朱　巍
责任印制　焦志炜
◆ 人民邮电出版社出版发行　北京市丰台区成寿寺路11号
邮编　100164　电子邮件　315@ptpress.com.cn
网址　http://www.ptpress.com.cn
北京七彩京通数码快印有限公司印刷
◆ 开本：800×1000　1/16
印张：12.5　2014年10月第2版
字数：212千字　2022年2月北京第15次印刷
著作权合同登记号　图字：01-2008-3859号

定价：45.00元

读者服务热线：(010)84084456-6009　印装质量热线：(010)81055316
反盗版热线：(010)81055315
广告经营许可证：京东市监广登字20170147号

版权声明

கற்க கசடறக் கற்பவை கற்றபின்
நிற்க அதற்குத் தக.

திருக்குறள்-391

学有所成，学有所用。

《提鲁库拉尔》中1330条警句第391条

提鲁瓦鲁瓦（Thiruvalluvar），印度诗人和哲学家，公元前31年

Almost every wise saying
has an opposite one,
no less wise,
to balance it.

—George Santayana

几乎每句所谓至理名言都有句意思相反的话与之对应，
而且后者也同样在理。

——乔治·桑塔耶纳（美国哲学家、诗人）

对本书的赞誉

书中“切身感受”的内容非常有价值——通过它我们可以做到学有所思，思有所悟，悟有所行。

——Nathaniel T. Schutta，《Ajax基础教程》作者

在我眼中，这就是一本名不虚传的Pragmatic书架系列里的图书：简短、易读、精炼、深入、深刻且实用。它对于那些想要采用敏捷方法的人很有价值。

——Forrest Chang，软件主管

我从一开始看这本书时就一直在想：“哇噻！很多开发者都需要这本书。”我很快就认识到这正是我需要的书，故而向各个级别的开发者强烈推荐。

——Guerry A. Semones，Appistry公司资深软件工程师

此书通过常理和经验，阐述了为什么你应该在项目中使用敏捷方法。最难得的是，这些行之有效的实战经验，竟然从一本书中得到了。

——Matthew Johnson，软件工程师

我买过Pragmatic书架系列的其他书籍，从中看到过这本书提到的一些习惯。但是，本书把这些思想整合到一起，而且用了简明、易懂的方式组织起来。我在此向开发新手和想要变得“敏捷”的团队强烈推荐此书。

——Scott Splavec，资深软件工程师

伴随着敏捷实践席卷了整个行业，有越来越多的人需要理解什么是真正的“敏捷”。这本简明、实用的书，正符合他们的需求。

——Marty Haught，Razorstream公司软件工程师和架构师

也许，你已经听说过了敏捷方法学，并在思索着如何才能每天改进自己的工作。我的答案是好好读这本书，倾听这天籁之音，融会贯通这些最佳习惯吧。

——David Lázaro Saz，软件开发者

这是一本深入浅出地讲解敏捷核心实践的书。我最欣赏本书的地方在于，它不是在推销一个具体的敏捷方法学，而是把各种敏捷方法中的有效实践有机地串联成一个整体。它适合那些渴望快速而可靠地交付高质量软件的人们。

——Matthew Bass，软件咨询师

推荐序一

仅仅还在几年前，XP还被认为是方法异教，FDD属于黑客程序方法。如今，敏捷俨然已经成为主流学说，敏捷方法成为人们学习和讨论的热点。敏捷方法的应用也更加广泛，以至于不少外包项目都要求采用某种敏捷方法。它不仅仅是小团队和小项目在使用，甚至连微软都开始使用Scrum。

敏捷已经成为一种炙手可热的新时尚。

因为火热，各种不同的说法就多起来；因为时尚，原本有些不认同敏捷的人也开始追捧起来。人们反复地讨论敏捷方法，涉及从哲学思想到实现细节的各个层面。人们不断地推出各种不同版本的敏捷方法，甚至有些方法显得如此矛盾、如此不同。

同时，一些误解也一直在坊间流行。一般误认为，敏捷就是快，越快就是越敏捷——字典上的名词解释是其依据。岂不知它本来要以“lightweight processes”（轻量级过程）命名，只不过有些参会者不喜欢被看作是在拳台上跳来跳去的轻量级拳手，所以才用了“敏捷”这个词。还有其他一些误解是，敏捷就是只写代码不写文档；敏捷需要重构而无需设计；敏捷迭代就是尽量做到最小，以至于一个小时就好几次；敏捷只有天才程序员才能应用，其他人都会水土不服；如此这般。

可以看到，市面上以敏捷为题目的图书俯拾皆是，似乎软件开发的书不加上敏捷这个词就是落伍一样。敏捷体系下存在多种方法，介绍每种方法的图书就有一大堆。再加上每种方法采用不同的技术，每本书采用不同的组织形式，存在这么多书也不奇怪，就更不用提那些仅仅为了跟风而敏捷的作品了。

面对如此百花齐放、百家争鸣的现象，你该从什么地方开始呢？有没有一本图书可以作为入门的第一读物呢？

这本书就可以胜任这样的角色！

这是一本很容易理解并掌握，不需要太多基础就可以阅读的书。不管你是开发人员，还是管理人员、财务等后勤人员、学生、编程爱好者，只要你对敏捷有兴趣，就可以读懂这本书。你不会被众多的概念和曲折的逻辑所迷惑，不会被高难度技巧所困扰。这本书为你打开了了解和学习敏捷方法的一扇大门，并指出继续前进的道路。

你会很悠闲自在地读完这本小书，然后说："原来敏捷就是这么一回事啊！"

自由软件顾问　刘新生（ozzzzzz）

推荐序二

我很喜欢本书的中文书名——高效程序员的45个习惯，比直译成“敏捷开发者实践”含蓄多了。敏捷不是目的，只是手段。只要某个手段适合某个场景，有助于提升质量，提高交付能力，提高开发者水平……总而言之，有好处的事情，我们尽管做就是了，何必冠以敏捷之名？

记得第一次读本书还是两年前。这时又细细读来，越来越觉得“习惯”一词比“实践”更有味道。所谓“流水不腐，户枢不蠹”，厨房脏了就擦一下，总比满墙都是油烟以后再去清理的代价小得多。有价值的东西——比如回顾、测试、重构，一切有利于团队建设、提高生产力的实践都应该频繁且持续做，然后日积月累就养成了习惯。

有些习惯很容易养成，有些则很难。我们大都常常许愿，做计划，比如要做一个至少100人同时在线的成熟应用，参加义工活动，每周至少一篇博客……然后在计划落空的时候，用各种理由来安慰自己。

李笑来老师在《把时间当作朋友》一书中提到：“所有学习上的成功，都只靠两件事：策略和坚持，而坚持本身就应该是最重要的策略之一。”那么，为什么我们会在某些事情上坚持不下去？或者换个角度来看，哪些事情是容易坚持下去的？

以前我是标准的宅男，CS、网络小说、魔兽世界几乎是休闲的全部，等到后来得了腰肌劳损，又得了颈椎病，这才痛定思痛，开始游泳锻炼身体。每天游两千米，一个月以后，游泳就成了习惯。再举个例子，我老婆生完孩子以后体型变化很大，立志想要减肥。为了坚持下去，她把怀孕前的照片放在电脑桌面上，时时督促自己。后来，减肥也就变成了一种生活方式。

从我的个人体验来看，难以坚持下去的事情，基本上都是因为没有迫切的欲望和激情。单说锻炼身体，无论是为了减肥、祛病，还是塑形美体等，做这些事情至少都有明确的目的，这样才能驱使着人们一直坚持下去。没有动机，没有欲望，哪里来的毅力呢？

那么，当我们决定做一件事情的时候，首先就要多问问自己：为什么要做这件事情？它所带来的好处是什么？如果不做它又会有哪些坏处？有了清晰的目的和思路后再去做事，遇到变化时就知道孰轻孰重，该怎么调整计划，同时也不至于被重复和乏味消磨了一时的意气。翻开本书之后，你同样也该对自己提问："为什么要有自动验收测试，有了足够的单元测试是不是就能保证质量了？""写自动验收测试有哪些成本，会带来哪些收益？"只有明白了"为什么做"，才能够解决"如何做"的问题。

本书的两名译者与我都是故交。钱安川是我的同事，是ThoughtWorks资深咨询师，有丰富的敏捷实施经验。郑柯与我同是InfoQ中文站敏捷社区的编辑，一起翻译过数十篇稿件。他翻译的《项目管理修炼之道》也已由图灵公司出版。这次二人联手的作品，定会给读者以赏心悦目的阅读体验。我有幸已经从样章中感受到了这一点。

希望你能够带着问题，踏上愉快的阅读之旅。

希望你能够养成好习惯。

李　剑
ThoughtWorks咨询师

译 者 序

“武功者，包括内功、外功、武术技击术之总和。有形的动作，如支撑格拒，姿式回环，变化万千，外部可见，授受较易，晨操夕练，不难熟练。而无形的内功指内部之灵惠素质，即识、胆、气、劲、神是也，此乃与学练者整个内在世界的学识水平密切相关，是先天之慧根悟性与后天智能的总成，必须寻得秘籍方可炼成。”

——摘自《武林秘籍大全》

公元21世纪，软件业江湖动荡，人才辈出，各大门派林立，白道黑帮，都欲靠各自门派的武功称霸武林。

在那些外家功门派（传统的瀑布开发方法、CMM、ISO和RUP等）和非正统教（中国式太极敏捷UDD等）当道之际，一股新势力正在崛起——以敏捷方法为总称的一批内家功门派。

下面的歌诀是对内家武功招数的概述：

迭代开发，价值优先
分解任务，真实进度

站立会议，交流畅通
用户参与，调整方向

结对编程，代码质量

测试驱动，安全可靠

持续集成，尽早反馈
自动部署，一键安装

定期回顾，持续改进
不断学习，提高能力

上面的每种招式，都可寻得一本手册，介绍其动作要领和攻防章法。几乎每个内家功门派都有自己的拳法和套路。

但，正所谓“练拳不练功，到老一场空”。学习招数和套路不难，难的是如何练就一身真功夫。内家功，以练内为主，内外结合，以动作引领内气，以内气催领动作，通过后天的修炼来弥补先天的不足。

本书是一本内功手册。它注重于培养软件开发者的态度、原则、操守、价值观，即识、胆、气、劲、神是也。

敏捷的实践者Venkat Subramaniam和Andy Hunt携手著下此书。望有志之士有缘得到此书，依法修习，得其精要；由心知到身知，入筋、入骨、入髓，修炼得道。而后，匡扶正义，交付高质量的软件，为人类造福。

安　川

目　录

第 1 章

敏捷——高效软件开发之道

不管路走了多远，错了就要重新返回。

——土耳其谚语

这句土耳其谚语的含义显而易见，你也会认同这是软件开发应该遵守的原则。但很多时候，开发人员（包括我们自己）发现自己走错路后，却不愿意立即回头，而是抱着迟早会步入正轨的侥幸心理，继续错下去。人们会想，或许差不多少吧，或许错误不像想象的那么严重。假使开发软件是个确定的、线性的过程，我们随时可以撤回来，如同这句谚语所说。然而，它却不是。

相反，软件开发更像是在冲浪——一直处于动态、不断变化的环境中。大海本身无法预知，充满风险，并且海里还可能有鲨鱼出没。

冲浪之所以如此有挑战性，是因为波浪各不相同。在冲浪现场，每次波浪都是独一无二的，冲浪的动作也会各不相同。例如，沙滩边的波浪和峭壁下的波浪就有很大的区别。

在软件开发领域里，在项目研发过程中出现的需求变化和挑战，就是你在冲浪时要应对的海浪——它们从不停止并且永远变化，像波浪一样。在不同的业务领域和应用下，软件项目具有不同的形式，带来了不同的挑战，甚至还有鲨鱼以各种伪装出没。

软件项目的成败，依赖于整个项目团队中所有开发成员的技术水平，对他们的培训，以及他们各自的能力高低。就像成功的冲浪手一样，开发人员必须也是技术扎实、懂得掌握平衡和能够敏捷行事的人。不管是预料之外的波浪冲击，还是预想不到的设计失败，在这两种情况下敏捷都意味着可以快速地**适应**变化。

敏捷开发宣言

我们正通过亲身实践和帮助他人实践，揭示了一些更好的软件开发方法。通过这项工作，我们认为：

- 个体和交互胜过过程和工具
- 可工作的软件胜过面面俱到的文档
- 客户协作胜过合同谈判
- 响应变化胜过遵循计划

虽然右项也有价值，但我们认为左项具有更大的价值。

更多详细信息可以访问agilemanifesto.org。

敏捷的精神

那么，到底什么是敏捷开发方法？整个敏捷开发方法的运动从何而来呢？

2001年2月，17位志愿者（包括作者Andy在内）聚集在美国犹他州雪鸟度假胜地，讨论一个新的软件开发趋势，这个趋势被不严格地称为“轻量型软件开发过程”。

我们都见过了因为开发过程的冗余、笨重、繁杂而失败的项目。世上应该有一种更好的软件开发方法——只关注真正重要的事情，少关注那些占用大量时间而无甚裨益的不重要的事情。

这些志愿者们给这个方法学取名为**敏捷**。他们审视了这种新的软件开发方法，并且发布了敏捷开发宣言：一种把以人为本、团队合作、快速响应变化和可工作的软件作为宗旨的开发方法（本页最开始的方框里就是宣言的内容）。

敏捷方法可以快速地响应变化，它强调团队合作，人们专注于具体可行的目标（实现真正可以工作的软件），这就是敏捷的精神。它打破了那种基于计划的瀑布式软件开发方法，将软件开发的实际重点转移到一种更加自然和可持续的开发方式上。

它要求团队中的每一个人（包括与团队合作的人）都具备职业精神，并积极地期望项目能够获得成功。它并不要求所有人都是有经验的专业人员，但必须具有专业的工作态度——每个人都希望尽最大可能做好自己的工作。

如果在团队中经常有人旷工、偷懒甚至直接怠工，那么这样的方法并不适合你，你需要的是一些重量级的、缓慢的、低生产率的开发方法。如果情况并非如此，你就可以用敏捷的方式进行开发。

这意味着你不会在项目结束的时候才开始测试，不会在月底才进行一次系统集成，也不会在一开始编码的时候就停止收集需求和反馈。

> 开发要持续不断，切勿时续时断
> Continuous development, not episodic

相反，这些活动会贯穿项目的整个生命周期。事实上，只要有人继续使用这个软件，开发就没有真正结束。我们进行的是持续开发、持续反馈。你不需要等到好几个月之后才发现问题：越早发现问题，就越容易修复问题，所以应该就在此时此刻把问题修复。

这就是敏捷的重点所在。

这种持续前进的开发思想根植于敏捷方法中。它不但应用于软件开发的生命周期，还应用于技术技能的学习、需求采集、产品部署、用户培训等方面。它包括了软件开发各个方面的所有活动。

> 持续注入能量
> Inject energy

为什么要进行持续开发呢？因为软件开发是一项非常复杂的智力活动，你遗留下来的任何问题，要么侥幸不会发生意外，要么情况会变得更糟糕，慢慢恶化直到变得不可控制。当问题累积到一定程度的时候，事情就更难解决，最后无法扭转。面对这样的问题，唯一有效的解决办法就是持续地推进系统前进和完善（见《程序员修炼之道》一书中的“软件熵”[HT00]）。

有些人对使用敏捷方法有顾忌，认为它只是另一种危机管理而已。事实并非如此。危机管理是指问题累积并且恶化，直到它们变得非常严重，以至于你不得不立即放下一切正在做的工作来解决危机。而这样又会带来其他的负面影响，你就会陷入危机和恐慌的恶性循环中。这些正是你要避免的问题。

所以，你要防微杜渐，把问题解决在萌芽状态，你要探索未知领域，在大量成本投入之前先确定其可行性。你要知错能改，在事实面前主动承认自己的所有错误。你要能自我反省，经常编码实战，加强团队协作精神。一开始你可能会觉得不适应，因为这同以往有太多的不同，但是只要能真正地行动起来，习惯了，你就会得心应手。

敏捷的修炼之道

下面一句话是对**敏捷**的精辟概括。

> 敏捷开发就是在一个高度协作的环境中，不断地使用反馈进行自我调整和完善。

下面将扼要讲述它的具体含义，以及敏捷的团队应该采取什么样的工作和生活方式。

首先，它要整个团队一起努力。敏捷团队往往是一个小型团队，或者是大团队分成的若干小团队（10人左右）。团队的所有成员在一起工作，如果可能，最好有独立的工作空间（或者类似bull pen[①]），一起共享代码和必要的开发任务，而且大部分时间都能在一起工作。同时和客户或者软件的用户紧密工作在一起，并且尽可能早且频繁地给他们演示最新的系统。

你要不断从自己写的代码中得到反馈，并且使用自动化工具不断地构建（持续集成）和测试系统。在前进过程中，你都会有意识地修改一些代码：在功能不变的情况下，重新设计部分代码，改善代码的质量。这就是所谓的**重构**，它是软件开发中不可或缺的一部分——编码永远没有真正意义上的“结束”。

要以**迭代**的方式进行工作：确定一小块时间（一周左右）的计划，然后按时完成它们。给客户演示每个迭代的工作成果，及时得到他们的反馈（这样可以保证方向正确），并且根据实际情况尽可能频繁地发布系统版本让用户使用。

---

① bull pen原指在棒球比赛中，候补投手的练习场。——译者注

对上述内容有了了解之后，我们会从下面几方面更深入地走进敏捷开发的实践。

第2章：态度决定一切。软件开发是一项智力劳动。在此章，我们会讲解如何用敏捷的心态开始工作，以及一些有效的个人习惯。这会为你使用敏捷方法打下扎实的基础。

第3章：学无止境。敏捷项目不可能坐享其成。除了开发之外，我们还要在幕后进行其他的训练，虽然它不属于开发工作本身，但却对团队的发展极其重要。我们还将看到，如何通过培养习惯来帮助个人和团队成长并自我超越。

第4章：交付用户想要的软件。如果软件不符合用户的需求，无论代码写得多么优美，它都是毫无用处的。这里将介绍一些客户协作的习惯和技巧，让客户一直加入到团队的开发中，学习他们的业务经验，并且保证项目符合他们的真正需求。

第5章：敏捷反馈。敏捷团队之所以能够顺利开展工作，而不会陷入泥潭挣扎导致项目失败，就是因为一直使用反馈来纠正软件和开发过程。最好的反馈源自代码本身。本章将研究如何获得反馈，以及如何更好地控制团队进程和性能。

第6章：敏捷编码。为满足将来的需求而保持代码的灵活和可变性，这是敏捷方法成功的关键。本章给出了一些习惯，介绍如何让代码更加整洁，具有更好的扩展性，防止代码慢慢变坏，最后变得不可收拾。

第7章：敏捷调试。调试错误会占用很多项目开发的时间——时间是经不起浪费的。这里将学到一些提高调试效率的技巧，以节省项目的开发时间。

第8章：敏捷协作。最后，一个敏捷开发者已经能够独当一面，除此之外，你需要一个敏捷团队。这里有一些最有效的实践有助于黏合整个团队，以及其他一些实践有助于团队的日常事务和成长。

敏捷工具箱

全书中，我们会涉及一些敏捷项目常用的基本工具。也许一些工具你还很陌生，所以这里做了简单介绍。想要了解这些工具的详细信息，可以进一步去读附录中的有关参考文献。

Wiki：Wiki[①]是一个网站，用户通过浏览器，就可以编辑网页内容并创建链接到一个新的内容页面。Wiki是一种很好的支持协作的工具，因为团队中的每一个人都可以根据需要动态地新增和重新组织网页中的内容，实现知识共享。关于Wiki的更多详情，可查阅《Wiki之道》这篇文章[LC01]。

版本控制：项目开发中所有的产物——全部的源代码、文档、图标、构建脚本等，都需要放入版本控制系统中，由版本控制系统来统一管理。令人惊讶的是，很多团队仍然喜欢把这些文件放到一个网络上共享的设备上，但这是一种很不专业的做法。如果需要一个安装和使用版本控制系统的详细说明，可以查阅《版本控制之道——使用CVS》[TH03]或者《版本控制之道——使用Subversion》[Mas05]。

单元测试：用代码来检查代码，这是开发者获得反馈的主要来源。在本书后面会更多地谈到它，但要真正知道框架可以处理大部分的繁琐工作，让你把精力放到业务代码的实现中。想要了解单元测试，可以看《单元测试之道Java版》[HT03]和《单元测试之道C#版》[HT04]，你可以在《JUnit Recipes中文版》[Rai04]一书中找到很多写单元测试的实用技巧。

自动构建：不管是在自己的本地机器上实现构建，还是为整个团队实现构建，都是全自动化并可重复的。因为这些构建一直运行，所以又称为持续集成。和单元测试一样，有大量的免费开源产品和商业产品为你提供支持。《项目自动化之道》[Cla04]介绍了所有自动构建的技巧和诀窍（包括使用Java Lamps）。

最后，《软件项目成功之道》[RG05]一书很好地介绍了怎样将这些基本的开发环境实践方法结合到一起。

---

① WiKi是WikiWikiWeb的简称，WikiWiki源自夏威夷语，本意是快点快点。——译者注

魔鬼和这些讨厌的细节

如果你翻翻这本书就会注意到，在每节的开头我们都会引入一段话，旁边配有一个魔鬼木刻像，诱使你养成不良习惯，如下所示。

“干吧，就走那个捷径。真的，它可以为你节省时间。没有人会知道是你干的，这样你就会加快自己的开发进度，并且能够完成这些任务了。这就是关键所在。”

他的有些话听上去有点儿荒唐，就像是Scott Adams笔下呆伯特（Dilbert）漫画书中的魔王——“尖发老板”所说的话一样。但要记住，Adams先生可是从他那些忠实的读者中得到很多回馈的。

有些事情看上去就会让人觉得很怪异，但这全部是我们亲耳所闻、亲眼所见，或者是大家秘而不宣的事情，它们都是摆在我们面前的诱惑，不管怎样，只要试过就会知道，为了节省项目的时间而走愚蠢的捷径是会付出巨大代价的。

与这些诱惑相对，在每个习惯最后，会出现一位守护天使，由她给出我们认为你应该遵循的一些良策。

先难后易。*我们首先要解决困难的问题，把简单的问题留到最后。*

现实中的事情很少是黑白分明的。我们将用一些段落描述一个习惯应该带给你什么样的切身感受，并介绍成功实施和保持平衡的技巧。如下所示。

切身感受

本段描述培养某个习惯*应该*有什么样的切身感受。如果在实践中没有这样的体会，你就要考虑改变一下实施的方法。

平衡的艺术

- 一个习惯很可能会做得过火或者做得不够。我们会给出一些建议，帮你掌握平衡，并告诉你一些技巧，能使习惯真正为你所用。

毕竟，一件好事做得过火或者被误用，都是非常危险的（我们见过很多所谓的敏捷项目最后失败，都是因为团队在实践的时候没有保持好自己的平衡）。所以，我们希望保证你能真正从这些习惯中获益。

通过遵循这些习惯，把握好平衡的艺术，在真实世界中有效地应用它们，你将会看到你的项目和团队发生了积极的变化。

好了，你将步入敏捷开发者的修炼之路，更重要的是，你会理解其后的开发原则。

致谢

每本书的出版都是一项艰巨的事业，本书也不例外。除了作者，还有很多幕后英雄。

我们要感谢下面所有的人，正是他们的帮助，本书才得以问世。

感谢Jim Moore为本书设计的封面插图，感谢Kim Wimpsett出色的文字编辑工作（如果还有错，那肯定是最后一刻的修改导致的）。

特别感谢Johannes Brodwall、Chad Fowler、Stephen Jenlcins、Bil Kleb和Wes Reisz，他们为本书贡献了大量真知灼见。

最后感谢所有付出时间和精力让本书变得更好的审阅者：Marcus Ahnve、Eldon Alameda、Sergei Anikin、Matthew Bass、David Bock、A. Lester Buck III、Brandon Campbell、Forrest Chang、Mike Clark、John Cook、Ed Gibbs、Dave Goodlad、Ramamurthy Gopalakrishnan、Marty Haught、Jack Herrington、Ron Jeffries、Matthew Johnson、Jason Hiltz Laforge、Todd Little、Ted Neward、James Newkirk、Jared Richardson、Frédérick Ros、Bill Rushmore、David Lázaro Saz、Nate Schutta、Matt Secoske、Guerry Semones、Brian Sletten、Mike Stok、Stephen Viles、Leif Wickland和Joe Winter。

Venkat Subramaniam致谢

我要感谢Dave Thomas，他是我的良师益友。如果没有他的指导、鼓励和建设性的意见，本书到现在还只是一个空想。

我有幸与Andy Hunt合著本书，从他身上学到了太多的东西。他不仅是一位技术专家（任何注重实效的程序员都知道这一点），还具有令人难以置信的表达能力和优秀品质。我欣赏Pragmatic Programmers出版公司制作本书的每一个环节，他们精通很多有用的工具，具有解决问题的能力，而且最重要的是，他们有很好的工作态度，正因如此，本书才可以如此顺利地发布。

感谢Marc Garbey的鼓励。他是一位伟大的朋友，他的幽默和敏捷感染了世界上的很多人。我特别感谢那些与我一路同行的俗人们（错了，是朋友们）——Ben Galbraith、Brian Sletten、Bruce Tate、Dave Thomas、David Geary、Dion Almaer、Eitan Suez、Erik Hatcher、Glenn Vanderburg、Howard Lewis Ship、Jason Hunter、Justin Gehtland、Mark Richards 、Neal Ford、Ramnivas Laddad、Scott Davis、Stu Halloway和Ted Neward——这些家伙棒极了！我感谢Jay Zimmerman（人称敏捷推动者），NFJS的主管，感谢他的鼓励，感谢他给我机会去向他的客户推广我的敏捷思想。

感谢父亲教会我正确的人生价值观，还有母亲给予我创造的灵感。如果不是妻子Kavitha的耐心和鼓励，还有我的儿子Karthik和Krupakar的支持，我就没有今天的一切。谢谢，我爱你们！

Andy Hunt致谢

好的，我想现在每个人都被感谢过了。但是，我要特别感谢Venkat邀请我参与本书的写作。我不会接受任何其他人要我合作写这本书的邀请，但却接受了Venkat的邀请。他最清楚整件事情的经过。

我要感谢当年在雪鸟聚会的那些敏捷精英们。虽然没有任何一个人发明了敏捷，但正是通过所有人的共同努力，才让敏捷在当今的软件开发行业中茁壮成长，成为一支重要的力量。

当然，还要感谢我的家人，感谢他们的支持和理解。从最早的《程序员修炼之道》到现在这本书是一个漫长的征途，但也是一段开心的经历。

现在，演出开始了。

第2章

态度决定一切

选定了要走的路，就是选定了它通往的目的地。

——Harry Emerson Fosdick（美国基督教现代主义神学家）

传统的软件开发图书一般先介绍一个项目的角色配置，然后是你需要产生哪些工件（artifact）——文档、任务清单、甘特（Gantt）图等，接着就是规则制度，往往是这么写的：汝当如此[1]这般……本书的风格不是这样的。欢迎进入敏捷方法的世界，我们的做法有些不同。

例如，有一种相当流行的软件方法学要求对一个项目分配35种不同的角色，包括架构师、设计人员、编码人员、文档管理者等。敏捷方法却背道而驰。只需要一个角色：软件开发者，也就是你。项目需要什么你就做什么，你的任务就是与客户紧密协作，一起开发软件。敏捷依赖人，而不是依赖于项目的甘特图和里程表。

图表、集成开发环境或者设计工具，它们本身都无法产生软件，软件是从你的大脑中产生的。而且它不是孤立的大脑活动，还会有许多其他方面的因素：个人情绪、办公室的文化、自我主义、记忆力等。它们混为一体，态度和心情的瞬息变化都可能导致巨大的差别。

因此态度非常重要，包括你的和团队的。专业的态度应该着眼于项目和团队的积极结果，关注个人和团队的成长，围绕最后的成功开展工作。由于很容易变成追

① 或更通俗地写成：系统应当如何如何……。

求不太重要的目标，所以在本章，我们会专注于那些真正的目标。集中精力，你是为**做事**而工作。（想知道怎样做吗？请见下一页。）

软件项目时常伴有时间压力——压力会迫使你走捷径，只看眼前利益。但是，任何一个有经验的开发者都会告诉你，**欲速则不达**（我们在第15页将介绍如何避免这个问题）。

我们每个人或多或少都有一些自我主义。一些人（暂且不提他们的名字）还美其名曰“健康”的自我主义。如果要我们去解决一个问题，我们会为完成任务而感到骄傲，但这种骄傲有时会导致主观和脱离实际。你很可能也见过设计方案的讨论变成了人身攻击，而不是就事论事地讨论问题。**对事不对人**（第18页）会让工作更加有效。

反馈是敏捷的基础。一旦你意识到走错了方向，就要立即做出决策，改变方向。但是指出问题往往没有那么容易，特别当它涉及一些政治因素的时候。有时候，你需要勇气去**排除万难，奋勇前进**（第23页）。

只有在你对项目、工作、事业有一个专业的态度时，使用敏捷方法才会生效。如果态度不正确，那么所有的这些习惯都不管用。有了正确的态度，你才可以从这些方法中完全受益。下面我们就介绍这些对你大有裨益的习惯和建议。

做事

“出了问题，第一重要的是确定元凶。找到那个白痴！一旦证实了是他的错误，就可以保证这样的问题永远不会再发生了。”

有时候，这个老魔头的话听起来似乎很有道理。毫无疑问，你想把寻找罪魁祸首设为最高优先级，难道不是吗？肯定的答案是：不。最高优先级应该是解决问题。

也许你不相信，但确实有些人常常不把解决问题放在最高优先级上。也许你也没有。先自我反省一下，当有问题出现时，“第一”反应究竟是什么。

如果你说的话只是让事态更复杂，或者只是一味地抱怨，或者伤害了他人的感情，那么你无意中在给问题火上浇油。相反，你应该另辟蹊径，问问“为了解决或缓解这个问题，我能够做些什么”。在敏捷的团队中，大家的重点是做事。你应该把重点放到解决问题上，而不是在指责犯错者上面纠缠。

指责不能修复bug
Blame doesn't fix bugs

世上最糟糕的工作（除了在马戏团跟在大象后面打扫卫生）就是和一群爱搬弄是非的人共事。他们对解决问题并没有兴趣，相反，他们爱在别人背后议论是非。他们挖空心思指手画脚，议论谁应该受到指责。这样一个团队的生产力是极其低下的。如果你发现自己是在这样的团队中工作，不要从团队中走开——应该跑开。至少要把对话从负面的指责游戏引到中性的话题，比如谈论体育运动（纽约扬基队最近怎么样）或者天气。

在敏捷团队中，情形截然不同。如果你向敏捷团队中的同事抱怨，他们会说：“好，我能帮你做些什么？”他们把精力直接放到解决问题上，而不是抱怨。他们的动机很明确，重点就是做事，不是为了自己的面子，也不是为了指责，也无意进行个人智力角斗。

你可以从自己先做起。如果一个开发者带着抱怨或问题来找你，你要了解具体的问题，询问他你能提供什么样的帮助。这样简单的一个行为就清晰地表明你的目的是解决问题，而不是追究责任，这样就会消除他的顾虑。你是给他们帮忙的。这样，他们会知道每次走近你的时候，你会真心帮助他们解决问题。他们可以来找你把问题解决了，当然还可以继续去别处求助。

符合标准不是结果

许多标准化工作强调遵从一个过程，按符合的程度作评判，其理由是：如果过程可行，那么只要严格按这个过程行事，就不会有问题。

但是，现实世界并不是如此运行的。你可以去获得ISO-9001认证，并生产出一件漂亮的铅线织就的救生衣。你完全遵循了文档中约定的过程，糟糕的是到最后所有的用户都被淹死了。

过程符合标准并不意味结果是正确的。敏捷团队重结果胜于重过程。

如果你找人帮忙，却没有人积极响应，那么你应该主动引导对话。解释清楚你想要什么，并清晰地表明你的目的是解决问题，而不是指责他人或者进行争辩。

指责不会修复bug。把矛头对准解决问题的办法，而不是人。这是真正有用处的正面效应。

切身感受

勇于承认自己不知道答案，这会让人感觉放心。一个重大的错误应该被当作是一次学习而不是指责他人的机会。团队成员们在一起工作，应互相帮助，而不是互相指责。

平衡的艺术

- "这不是我的错"，这句话不对。"这都是你的错"，这句话更不对。
- 如果你没有犯过任何错误，就说明你可能没有努力去工作。
- 开发者和质量工程师（QA）争论某个问题是系统本身的缺陷还是系统增强功能导致的，通常没有多大的意义。与其如此，不如赶紧去修复它。
- 如果一个团队成员误解了一个需求、一个API调用，或者最近一次会议做的决策，那么，也许就意味着团队的其他成员也有相同的误解。要确保整个团队尽快消除误解。

- 如果一个团队成员的行为一再伤害了团队，则他表现得很不职业。那么，他就不是在帮助团队向解决问题的方向前进。在这种情况下，我们必须要求他离开这个团队[①]。
- 如果大部分团队成员（特别是开发领导者）的行为都不职业，并且他们对团队目标都不感兴趣，你就应该主动从这个团队中离开，寻找更适合自己发展的团队（这是一个有远见的想法，没必要眼睁睁地看着自己陷入一个“死亡之旅”的项目中[You99]）。

① 不需要解雇他，但是他不能继续留在这个项目中。同时也要意识到，频繁的人员变动对整个团队的平衡也很危险。

2 欲速则不达

“你不需要真正地理解那块代码，它只要能够工作就可以了。哦，它需要一个小小的调整。只要在结果中再加上几行代码，它就可以工作了。开工吧！就把那几行代码加进去，它应该可以工作。”

我们经常会遇到这种情况，出现了一个bug，并且时间紧迫。快速修复确实可以解决它——只要新加一行代码或者忽略那个列表上的最后一个条目，它就可以工作了。但接下来的做法才能说明，谁是优秀的程序员，谁是拙劣的代码工人。

拙劣的代码工人会这样不假思索地改完代码，然后快速转向下一个问题。

优秀的程序员会挖掘更深一层，尽力去理解为什么这里必须要加1，更重要的是，他会想明白会产生什么其他影响。

也许这个例子听起来有点做作，甚至你会觉得很无聊。但是，真实世界中有大量这样的事情发生。Andy以前的一个客户正遇到过这样的问题。没有一个开发者或者架构师知道他们业务领域的底层数据模型。而且，通过几年的积累，代码里有着成千上万的+1和–1修正。在这样脏乱的代码中添加新的功能或者修复bug，就难逃脱发的噩运（事实上，很多开发者因此而秃顶）。

千里之堤，溃于蚁穴，大灾难是逐步演化来的。一次又一次的快速修复，每一次都不探究问题的根源，久而久之就形成了一个危险的沼泽地，最终会吞噬整个项目的生命。

> **防微杜渐**
> **Beware of land mines**

在工作压力之下，不去深入了解真正的问题以及可能的后果，就快速修改代码，这样只是解决表面问题，最终会引发大问题。快速修复的诱惑，很容易令人把持不住，坠入其中。短期看，它似乎是有效的。但从长远来看，它无异于穿越一片流沙，你也许侥幸走过了一半的路程（甚至更远），一切似乎都很正常。但是转眼间悲剧就发生了……

只要我们继续进行快速修复，代码的清晰度就不断降低。一旦问题累积到一定程度，清晰的代码就不复存在，只剩一片混浊。很可能在你的公司就有人这样告诉你："无论如何，千万不能碰那个模块的代码。写代码那哥们儿已经不在这儿了，没有人看得懂他的代码。"这些代码根本没有清晰度可言，它已经成为一团迷雾，无人能懂。

Andy如是说……

要理解开发过程

尽管我们在谈论理解代码，特别是在修改代码之前一定要很好地理解它，然而同样道理，你也需要了解团队的开发方法或者开发过程。

你必须要理解团队采用的开发方法。你必须理解如何恰如其分地使用这种方法，为何它们是这样的，以及如何成为这样的。

只有理解了这些问题，你才能进行有效的改变。

如果在你的团队中有这样的事情发生，那么你是不可能敏捷的。但是敏捷方法中的一些技术可以阻止这样的事情发生。这里只是一些概述，后面的章节会有更深入的介绍。

不要孤立地编码
Don't code in isolation

孤立非常危险，不要让开发人员完全孤立地编写代码（见第155页，习惯40）。如果团队成员花些时间阅读其他同事写的代码，他们就能确保代码是可读和可理解的，并且不会随意加入这些"+1或-1"的代码。阅读代码的频率越高越好。实行**代码复审**，不仅有助于代码更好理解，而且是发现bug最有效的方法之一（见第165页，习惯44）。

使用单元测试
Use unit tests

另一种防止代码难懂的重要技术就是单元测试。单元测试帮助你很自然地把代码分层，分成很多可管理的小块，这样就会得到设计更好、更清晰的代码。更深入项目的时候，你可以直接阅读单元测试——它们是一种可执行的文档（见第78页，习惯19）。有了单元测试，你会看到更小、更易于理解的代码模块，运行和使用代码，能够帮助你彻底理解这些代码。

不要坠入快速的简单修复之中。要投入时间和精力保持代码的整洁、敞亮。

切身感受

在项目中，代码应该是很亮堂的，不应该有黑暗死角。你也许不知道每块代码的每个细节，或者每个算法的每个步骤，但是你对整体的相关知识有很好的了解。没有任何一块代码被警戒线或者“切勿入内”的标志隔离开。

平衡的艺术

- 你必须要理解一块代码是如何工作的，但是不一定需要成为一位专家。只要你能使用它进行有效的工作就足够了，不需要把它当作毕生事业。
- 如果有一位团队成员宣布，有一块代码其他人都很难看懂，这就意味着任何人（包括原作者）都很难维护它。请让它变得简单些。
- 不要急于修复一段没能真正理解的代码。这种+1/–1的病症始于无形，但是很快就会让代码一团糟。要解决真正的问题，不要治标不治本。
- 所有的大型系统都非常复杂，因此没有一个人能完全明白所有的代码。除了深入了解你正在开发的那部分代码之外，你还需要从更高的层面来了解大部分代码的功能，这样就可以理解系统各个功能块之间是如何交互的。
- 如果系统的代码已经恶化，可以阅读第23页习惯4中给出的建议。

3 对事不对人

“你在这个设计上投入了很多精力，为它付出很多心血。你坚信它比其他任何人的设计都棒。别听他们的，他们只会把问题变得更糟糕。”

你很可能见过，对方案设计的讨论失控变成了情绪化的指责——做决定是基于谁提出了这个观点，而不是权衡观点本身的利弊。我们曾经参与过那样的会议，最后闹得大家都很不愉快。

但是，这也很正常。当Lee先生在做一个新方案介绍的时候，下面有人会说：“那样很蠢！”（这也就暗示着Lee先生也很蠢。）如果把这句话推敲一下，也许会好一点：“那样很蠢，你忘记考虑它要线程安全。”事实上最适合并且最有效的表达方式应该是：“谢谢，Lee先生。但是我想知道，如果两个用户同时登录会发生什么情况？”

看出其中的不同了吧！下面我们来看看对一个明显的错误有哪些常见的反应。

- 否定个人能力。
- 指出明显的缺点，并否定其观点。
- 询问你的队友，并提出你的顾虑。

第一种方法是不可能成功的。即使Lee是一个十足的笨蛋，很小的问题也搞不定，但你那样指出问题根本不会对他的水平有任何提高，反而会导致他以后再也不会提出自己的任何想法了。第二种方法至少观点明确，但也不能给Lee太多的帮助，甚至可能会让你自己惹火上身。也许Lee能巧妙地回复你对非线程安全的指责：“哦，不过它不需要多线程。因为它只在Frozbot模块的环境中使用，它已经运行在自己的线程中了。”哎哟！忘记了Frozbot这一茬了。现在*该是*你觉得自己蠢了，Lee也会因为你骂他笨蛋而生气。

现在看看第三种方法。没有谴责，没有评判，只是简单地表达自己的观点。让Lee自己意识到这个问题，而不是扫他的面子①。由此可以开始一次*交谈*，而不是争辩。

① 通常，这是一个很好的技巧：引导性地提出一个疑问，让他们自己意识到问题。

Venkat如是说……

要专业而不是自我

多年以前，在我担任系统管理员的第一天，一位资深的管理员和我一起安装一些软件，我突然按错了一个按钮，把服务器给关掉了。没过几分钟，几位不爽的用户就在敲门了。

这时，我的导师赢得了我的信任和尊重，他并没有指责我，而是对他们说："对不起，我们正在查找是什么地方出错了。系统会在几分钟之内启动起来。"这让我学到了难忘的重要一课。

在一个需要紧密合作的开发团队中，如果能稍加注意礼貌对待他人，将会有益于整个团队关注真正有价值的问题，而不是勾心斗角，误入歧途。我们每个人都能有一些极好的创新想法，同样也会萌生一些很愚蠢的想法。

如果你准备提出一个想法，却担心有可能被嘲笑，或者你要提出一个建议，却担心自己丢面子，那么你就不会主动提出自己的建议了。然而，好的软件开发作品和好的软件设计，都需要大量的创造力和洞察力。分享并融合各种不同的想法和观点，远远胜于单个想法为项目带来的价值。

消极扼杀创新

Negativity kills innovation

负面的评论和态度扼杀了创新。现在，我们并不提倡在设计方案的会议上手拉手唱《学习雷锋好榜样》，这样也会降低会议的效率。但是，你必须把重点放在解决问题上，而不是去极力证明谁的主意更好。在团队中，一个人只是智商高是没有用的，如果他还很顽固并且拒绝合作，那就更糟糕。在这样的团队中，生产率和创新都会频临灭亡的边缘。

我们每个人都会有好的想法，也会有不对的想法，团队中的每个人都需要自由地表达观点。即使你的建议不被全盘接受，也能对最终解决问题有所帮助。不要害怕受到批评。记住，任何一个专家都是从这里开始的。用Les Brown[①]的一句话说就是："你不需要很出色才能起步，但是你必须起步才能变得很出色。"

① 莱斯·布朗，全球领军励志演讲家和作家。——编者注

团体决策的骆驼

集体决策确实非常有效，但也有一些最好的创新源于很有见地的个人的独立思考。如果你是一个有远见的人，就一定要特别尊重别人的意见。你是一个掌舵者，一定要把握方向，深思熟虑，吸取各方的意见。

另一个极端是缺乏生气的委员会，每个设计方案都需要全票通过。这样的委员会总是小题大作，如果让他们造一匹木马，很可能最后造出的是骆驼。

我们并不是建议你限制会议决策，只是你不应该成为一意孤行的首席架构师的傀儡。这里建议你牢记亚里士多德的一句格言："能欣赏自己并不接受的想法，表明你的头脑足够有学识。"

下面是一些有效的特殊技术。

设定最终期限。如果你正在参加设计方案讨论会，或者是寻找解决方案时遇到问题，请设定一个明确的最终期限，例如午饭时间或者一天的结束。这样的时间限制可以防止人们陷入无休止的理论争辩之中，保证团队工作的顺利进行。同时（我们觉得）应现实一些：没有最好的答案，只有更合适的方案。设定期限能够帮你在为难的时候果断做出决策，让工作可以继续进行。

逆向思维。团队中的每个成员都应该意识到权衡的必要性。一种客观对待问题的办法是：先是积极地看到它的正面，然后再努力地从反面去认识它[①]。目的是要找出优点最多缺点最少的那个方案，而这个好办法可以尽可能地发现其优缺点。这也有助于少带个人感情。

设立仲裁人。在会议的开始，选择一个仲裁人作为本次会议的决策者。每个人都要有机会针对问题畅所欲言。仲裁人的责任就是确保每个人都有发言的机会，并维持会议的正常进行。仲裁人可以防止明星员工操纵会议，并及时打断假大空式发言。

如果你自己没有积极参与这次讨论活动，那么你最好退一步做会议的监督者。仲裁人应该专注于调停，而不是发表自己的观点（理想情况下不应在整个项目中有

① 参见"Debating with Knives"，在http://blogs.pragprog.com/cgi-bin/pragdave.cgi/Random/FishBowl.rdoc。

既得利益）。当然，这项任务不需要严格的技术技能，需要的是和他人打交道的能力。

支持已经做出的决定。一旦方案被确定了（不管是什么样的方案），每个团队成员都必须通力合作，努力实现这个方案。每个人都要时刻记住，我们的目标是让项目成功满足用户需求。客户并不关心这是谁的主意——他们关心的是，这个软件是否可以工作，并且是否符合他们的期望。结果最重要。

设计充满了妥协（生活本身也是如此），成功属于意识到这一点的团队。工作中不感情用事是需要克制力的，而你若能展现出成熟大度来，大家一定不会视而不见。这需要有人带头，身体力行，去感染另一部分人。

对事不对人。让我们骄傲的应该是解决了问题，而不是比较出谁的主意更好。

切身感受

一个团队能够很公正地讨论一些方案的优点和缺点，你不会因为拒绝了有太多缺陷的方案而伤害别人，也不会因为采纳了某个不甚完美（但是更好的）解决方案而被人忌恨。

平衡的艺术

- 尽力贡献自己的好想法，如果你的想法没有被采纳也无需生气。不要因为只是想体现自己的想法而对拟定的好思路画蛇添足。
- 脱离实际的反方观点会使争论变味。若对一个想法有成见，你很容易提出一堆不太可能发生或不太实际的情形去批驳它。这时，请先扪心自问：类似问题以前发生过吗？是否经常发生？
- 也就是说，像这样说是不够的：我们不能采用这个方案，因为数据库厂商可能会倒闭。或者：用户绝对不会接受那个方案。你必须要评判那些场景发生的可能性有多大。想要支持或者反驳一个观点，有时候你必须先做一个原型或者调查出它有多少的同意者或者反对者。

- 在开始寻找最好的解决方案之前，大家对“*最好*”的含义要先达成共识。在开发者眼中的最好，不一定就是用户认为最好的，反之亦然。
- 只有*更好*，没有*最好*。尽管“最佳实践”这个术语到处在用，但实际上不存在“最佳”，只有在某个特定条件下更好的实践。
- 不带个人情绪并不是要盲目地接受所有的观点。用合适的词和理由去解释为什么你不赞同这个观点或方案，并提出明确的问题。

4

排除万难，奋勇前进

“如果你发现其他人的代码有问题，只要你自己心里知道就可以了。毕竟，你不想伤害他们，或者惹来麻烦。如果他是你的老板，更要格外谨慎，只要按照他的命令执行就可以了。”

有一则寓言叫“谁去给猫系铃铛”（Who Will Bell the Cat）。老鼠们打算在猫的脖子上系一个铃铛，这样猫巡逻靠近的时候，就能预先得到警报。每只老鼠都点头，认为这是一个绝妙的想法。这时一只年老的老鼠问道：“那么，谁愿意挺身而出去系铃铛呢？”毫无疑问，没有一只老鼠站出来。当然，计划也就这样泡汤了。

有时，绝妙的计划会因为勇气不足而最终失败。尽管前方很危险——不管是真的鱼雷或者只是一个比喻——你必须有勇气向前冲锋，做你认为对的事情。

假如要你修复其他人编写的代码，而代码很难理解也不好使用。你是应该继续修复工作，保留这些脏乱的代码呢，还是应该告诉你的老板，这些代码太烂了，应该通通扔掉呢？

也许你会跳起来告诉周围的人，那些代码是多么糟糕，但那只是抱怨和发泄，并不能解决问题。相反，你应该重写这些代码，并比较重写前后的优缺点。动手证明（不要只是嚷嚷）最有效的方式，是把糟糕的代码放到一边，立刻重写。列出重写的理由，会有助于你的老板（以及同事）认清当前形势，帮助他们得到正确的解决方案。

再假定你在处理一个特定的组件。突然，你发现完全弄错了，你需要推翻重来。当然，你也会很担心向团队其他成员说明这个问题，以争取更多的时间和帮助。

当发现问题时，不要试图掩盖这些问题。而要有勇气站起来，说：“我现在知道了，我过去使用的方法不对。我想到了一些办法，可以解决这个问题——如果你有更好的想法，我也很乐意听一听——但可能会花多些时间。”你已经把所有对问题的负面情绪抛诸脑后，你的意图很清楚，就是寻找解决方案。既然你提出大家一起努力来解决问题，那就不会有任何争辩的余地。这样会促进大家去解决问题。也许，他们就会主动走近，提供帮助。更重要的是，这显示出了你的真诚和勇气，同时你也赢得了他们的信任。

Venkat如是说……

践行良好习惯

我曾经开发过一个应用系统。它向服务器程序发送不同类型的文件，再另存为另外一种格式的文件。这应该不难。当我开始工作的时候，我震惊地发现，处理每种类型文件的代码都是重复的。所以，我也配合了一下，复制了数百行的代码，改变了其中的两行代码，几分钟之内就让它工作起来，但我却感觉很失落。因为我觉得这有悖于良好的工作习惯。

后来我说服了老板，告诉他代码的维护成本很快就会变得非常高，应该重构代码。一周之内，我们重构了代码，并立即由此受益，我们需要修改文件的处理方式，这次我们只需要改动一个地方就可以了，而不必遍查整个系统。

你深知怎样做才是正确的，或者至少知道目前的做法是错误的。要有勇气向其他的项目成员、老板或者客户解释你的不同观点。当然，这并不容易。也许你会拖延项目的进度，冒犯项目经理，甚至惹恼投资人。但你都要不顾一切，向着正确的方向奋力前进。

美国南北战争时的海军上将David Farragut曾经说过一句名言："别管他妈的鱼雷，Drayton上校，全速前进。"确实，前面埋伏着水雷（那时叫鱼雷），但是要突破防线，只有全速前进[①]。

他们做得很对！

做正确的事。要诚实，要有勇气去说出实情。有时，这样做很困难，所以我们要有足够的勇气。

① 事实上，Farragut的原话往往被简化为："别管他妈的鱼雷，全速前进！"

切身感受

勇气会让人觉得有点不自在，提前鼓足勇气更需要魄力。但有些时候，它是扫除障碍的唯一途径，否则问题就会进一步恶化下去。鼓起你的勇气，这能让你从恐惧中解脱出来。

平衡的艺术

- 如果你说天快要塌下来了，但其他团队成员都不赞同。反思一下，也许你是正确的，但你没有解释清楚自己的理由。
- 如果你说天快要塌下来了，但其他团队成员都不赞同。认真考虑一下，他们也许是对的。
- 如果设计或代码中出现了奇怪的问题，花时间去理解为什么代码会是这样的。如果你找到了解决办法，但代码仍然令人费解，唯一的解决办法是重构代码，让它可读性更强。如果你没有马上理解那段代码，不要轻易地否定和重写它们。那不是勇气，而是鲁莽。
- 当你勇敢地站出来时，如果受到了缺乏背景知识的抉择者的抵制，你需要用他们能够听懂的话语表达。“更清晰的代码”是无法打动生意人的。节约资金、获得更好的投资回报，避免诉讼以及增加用户利益，会让论点更有说服力。
- 如果你在压力下要对代码质量作出妥协，你可以指出，作为一名开发者，你没有职权毁坏公司的资产（所有的代码）。

第3章 学无止境

即使你已经在正确的轨道上，但如果只是停止不前，也仍然会被淘汰出局。

——Will Rogers（美国著名演员）

敏捷需要持续不断的学习和充电。正如上面引用的Will Rogers的话，逆水行舟，不进则退。那不仅是赛马场上的真理，它更适合我们当今的程序员。

软件开发行业是一个不停发展和永远变化的领域。虽然有一些概念一直有用，但还有很多知识很快就会过时。从事软件开发行业就像是在跑步机上，你必须一直跟上步伐稳步前进，否则就会摔倒出局。

谁会帮助你保持步伐前进呢？在一个企业化的社会中，只有一个人会为你负责——你自己。是否能跟上变化，完全取决于你自己。

许多新技术都基于现有的技术和思想。它们会加入一些新的东西，这些新东西是逐步加入的量。如果你跟踪技术变化，那么学习这些新东西对你来说就是了解这些增量变化。如果你不跟踪变化，技术变化就会显得很突然并且难以应付。这就好比少小离家老大回，你会发现变化很大，甚至有很多地方都不认识了。然而，居住在那里的人们，每天只看到小小的变化，所以非常适应。在第28页我们会介绍一些**跟踪变化**的方法。

给自己投资，让自己与时俱进，当然再好不过，但是也要努力**对团队投资**，这个目标怎么实现呢？你将从第31页学到实现这个目标的一些方法。

学习新的技术和新的开发方法很重要，同时你也要能摒弃陈旧和过时的开发方法。换句话说，你需要**懂得丢弃**（请阅读第34页）。

当我们谈到变化这个话题的时候，要认识到你对问题的理解在整个项目期间也是在变化的。你曾经认为自己已经很明白的事情，现在也许并不是你想象中那样。你要对没有完全理解的某些疑问不懈地深入追踪下去，我们将从第37页开始讲述为什么要**打破砂锅问到底**，以及如何有效地提问。

最后，一个活力十足的敏捷开发团队需要有规律反复地做很多事情，一旦项目开始运作，你就要**把握开发节奏**，我们会在第40页介绍这种节奏感。

5

跟踪变化

“软件技术的变化如此之快，势不可挡，这是它的本性。继续用你熟悉的语言做你的老本行吧，你不可能跟上技术变化的脚步。”

赫拉克利特说过：“唯有变化是永恒的。”历史已经证明了这句真理，在当今快速发展的IT时代尤其如此。你从事的是一项充满激情且不停变化的工作。如果你毕业于计算机相关的专业，并觉得自己已经学完了所有知识，那你就大错特错了。

假设你是20多年前的1995年毕业的，那时，你掌握了哪些技术呢？可能你的C++还学得不错，你了解有一门新的语言叫Java，一种被称作是设计模式的思想开始引起大家的关注。一些人会谈论被称作因特网的东东。如果那个时候你就不再学习，而在2005年的时候重出江湖。再看看周围，就会发现变化巨大。就算是在一个相当狭小的技术领域，要学习那些新技术并达到熟练的程度，一年的时间也不够。

技术发展的步伐如此快速，简直让人们难以置信。就以Java为例，你掌握了Java语言及其一系列的最新特性。接着，你要掌握Swing、Servlet、JSP、Struts、Tapestry、JSF、JDBC、JDO、Hibernate、JMS、EJB、Lucene、Spring……还可以列举很多。如果你使用的是微软的技术，要掌握VB、Visual C++、MFC、COM、ATL、.NET、C#、VB.NET、ASP.NET、ADO.NET、WinForm、Enterprise Service、Biztalk……并且，不要忘记还有UML、Ruby、XML、DOM、SAX、JAXP、JDOM、XSL、Schema、SOAP、Web Service、SOA，同样还可以继续列举下去（我们将会用光所有的缩写字母）。

不幸的是，如果只是掌握了工作中需要的技术并不够。那样的工作也许几年之后就不再有了——它会被外包或者会过时，那么你也将会出局[1]。

假设你是Visual C++或者VB程序员，看到COM技术出现了。你花时间去学习它

① 参考*My Job Went to India: 52 Ways to Save Your Job*[Fow05]一书。新版改名为*Passionate Programmer*。

（虽然很痛苦），并且随时了解分布式对象计算的一切。当XML出现的时候，你花时间学习它。你深入研究ASP，熟知如何用它来开发Web应用。你虽然不是这些技术的专家，但也不是对它们一无所知。好奇心促使你去了解MVC是什么，设计模式是什么。你会使用一点Java，去试试那些让人兴奋的功能。

如果你跟上了这些新技术，接下来学习.NET技术就不再是大问题。你不需要一口气爬上10楼，而需要一直在攀登，所以最后看起来就像只要再上一二层。如果你对所有这些技术都一无所知，想要马上登上这10楼，肯定会让你喘不过气来。而且，这也会花很长时间，期间还会有更新的技术出现。

如何才能跟上技术变化的步伐呢？幸好，现今有很多方法和工具可以帮助我们继续充电。下面是一些建议。

迭代和增量式的学习。每天计划用一段时间来学习新技术，它不需要很长时间，但需要经常进行。记下那些你想学习的东西——当你听到一些不熟悉的术语或者短语时，简要地把它记录下来。然后在计划的时间中深入研究它。

了解最新行情。互联网上有大量关于学习新技术的资源。阅读社区讨论和邮件列表，可以了解其他人遇到的问题，以及他们发现的很酷的解决方案。选择一些公认的优秀技术博客，经常去读一读，以了解那些顶尖的博客作者们正在关注什么（最新的博客列表请参考pragrog.com）。

参加本地的用户组活动。Java、Ruby、Delphi、.NET、过程改进、面向对象设计、Linux、Mac，以及其他的各种技术在很多地区都会有用户组。听讲座，然后积极加入到问答环节中。

参加研讨会议。计算机大会在世界各地举行，许多知名的顾问或作者主持研讨会或者课程。这些聚会是向专家学习的最直接的好机会。

如饥似渴地阅读。找一些关于软件开发和非技术主题的好书（我们很乐意为你推荐），也可以是一些专业的期刊和商业杂志，甚至是一些大众媒体新闻（有趣的是在那里常常能看到老技术被吹捧为最新潮流）。

跟踪技术变化。你不需要精通所有技术，但需要清楚知道行业的动向，从而规划你的项目和职业生涯。

切身感受

你能嗅到将要流行的新技术，知道它们已经发布或投入使用。如果必须要把工作切换到一种新的技术领域，你能做到。

平衡的艺术

- 许多新想法从未变得羽翼丰满，成为有用的技术。即使是大型、热门和资金充裕的项目也会有同样的下场。你要正确把握自己投入的精力。
- 你不可能精通每一项技术，没有必要去做这样的尝试。只要你在某些方面成为专家，就能使用同样的方法，很容易地成为新领域的专家。
- 你要明白为什么需要这项新技术——它试图解决什么样的问题？它可以被用在什么地方？
- 避免在一时冲动的情况下，只是因为想学习而将应用切换到新的技术、框架或开发语言。在做决策之前，你必须评估新技术的优势。开发一个小的原型系统，是对付技术狂热者的一剂良药。

6 对团队投资

“不要和别人分享你的知识——自己留着。你是因为这些知识而成为团队中的佼佼者，只要自己聪明就可以了，不用管其他失败者。”

团队中的开发者们各有不同的能力、经验和技术。每个人都各有所长。不同才能和背景的人混在一起，是一个非常理想的学习环境。

在一个团队中，如果只是你个人技术很好还远远不够。如果其他团队成员的知识不够，团队也无法发挥其应有的作用：一个学习型的团队才是较好的团队。

当开发项目的时候，你需要使用一些术语或者隐喻来清晰地传达设计的概念和意图。如果团队中的大部分成员不熟悉这些，就很难进行高效地工作。再比如你参加了一个课程或者研讨班之后，所学的知识如果不用，往往就会忘记。所以，你需要和其他团队成员分享所学的知识，把这些知识引入团队中。

找出你或团队中的高手擅长的领域，帮助其他的团队成员在这些方面迎头赶上（这样做还有一个好处是，可以讨论如何将这些东西应用于自己的项目中）。

“午餐会议”是在团队中分享知识非常好的方式。在一周之中挑选一天，例如星期三（一般来说任何一天都可以，但最好不要是星期一和星期五）。事先计划午餐时聚集在一起，这样就不会担心和其他会议冲突，也不需要特别的申请。为了降低成本，就让大家自带午餐。

每周，要求团队中的一个人主持讲座。他会给大家介绍一些概念，演示工具，或者做团队感兴趣的任何一件事情。你可以挑一本书，给大家说说其中一些特别内容、项目或者实践。[①]无论什么主题都可以。

① Pragmatic公司的出版人Andy和Dave曾听不少人说，他们成立了读书小组，讨论和研究Pragmatic公司的图书。

每个人都比你厉害吗？嗯，那太好了！

享有盛名的爵士吉他手Pat Methany说过这样一句话：“总是要成为你所在的那个乐队中最差的乐手。如果你是乐队中最好的乐手，就需要重新选择乐队了。我认为这也适用于乐队之外的其他事情。”

为什么是这样呢？如果你是团队中最好的队员，就没有动力继续提高自己。如果周围的人都比你厉害，你就会有很强的动力去追赶他们。你将会在这样的游戏中走向自己的顶峰。

从每周主持讲座的人开始，先让他讲15分钟，然后，进行开放式讨论，这样每个人都可以发表自己的意见，讨论这个主题对于项目的意义。讨论应该包括所能带来的益处，提供来自自己应用程序的示例，并准备好听取进一步的信息。

这些午餐会议非常有用。它促进了整个团队对这个行业的了解，你自己也可以从其他人身上学到很多东西。优秀的管理者会重用那些能提高其他团队成员价值的人，因此这些活动也直接有助于你的职业生涯。

提供你和团队学习的更好平台。通过午餐会议可以增进每个人的知识和技能，并帮助大家聚集在一起进行沟通交流。唤起人们对技术和技巧的激情，将会对项目大有裨益。

切身感受

这样做，会让每个人都觉得自己越来越聪明。整个团队都要了解新技术，并指出如何使用它，或者指出需要注意的缺陷。

平衡的艺术

- 读书小组逐章一起阅读一本书，会非常有用，但是要选好书。《7天用设计模式和UML精通……》也许不会是一本好书。
- 不是所有的讲座都能引人入胜，有些甚至显得不合时宜。不管怎么样，都要未雨绸缪；诺亚在建造方舟的时候，可并没有开始下雨，谁能料到后来洪水泛滥呢？

- 尽量让讲座走入团队中。如果午餐会议在礼堂中进行，有餐饮公司供饭，还要使用幻灯片，那么就会减少大家接触和讨论的机会。
- 坚持有计划有规律地举行讲座。持续、小步前进才是敏捷。稀少、间隔时间长的马拉松式会议非敏捷也。
- 如果一些团队成员因为吃午饭而缺席，用美食引诱他们。
- 不要局限于纯技术的图书和主题，相关的非技术主题（项目估算、沟通技巧等）也会对团队有帮助。
- 午餐会议不是设计会议。总之，你应专注讨论那些与应用相关的一般主题。具体的设计问题，最好是留到设计会议中去解决。

懂得丢弃

“那就是你一贯的工作方法，并且是有原因的。这个方法也很好地为你所用。开始你就掌握了这个方法，很明显它是最好的方法。真的，从那以后就不要再改变了。”

敏捷的根本之一就是拥抱变化。既然变化是永恒的，你有可能一直使用相同的技术和工具吗？

不，不可能。我们一直在本章说要学习新技术和新方法。但是记住，你也需要学会如何丢弃。

随着科技进步，曾经非常有用的东西往往会靠边站。它们不再有用了，它们还会降低你的效率。当Andy第一次编程的时候，内存占用是一个大问题。你通常无法在主存储器（大约48KB）中一次装载整个程序，所以必须把程序切分成块。当一个程序块换入的时候，另外某个程序块必须换出，并且你无法在一个块中调用另一个块中的函数。

正是这种实际约束，极大地影响了你的设计和编程技术。

回想过去，你必须花费很大精力去手工调整编译器的汇编语言输出，以充分利用处理器的每个指令周期。可以想象，如果是使用JavaScript或者J2EE代码，你还需要这么干吗？

对于大多数的商业应用，技术已经有了巨大的变化，不再像过去那样，处处考虑内存占用、手动的重复占位及手工调整汇编语言。[①] 但我们仍然看到很多开发者从未丢弃这些旧习惯。

Andy曾经看到过这样一段C语言代码：一个大的`for`循环，循环里面的代码打印

---

① 这些技术现在仍然用于嵌入式系统领域的开发。

出来足有60页。那个作者“不相信”编译器的优化，所以决定自己手工实现循环体展开和其他一些技巧。我们只能祝愿维护那一大堆代码的人好运。

在过去，这段代码也许可以勉强接受。但是，现在绝对不可以了。电脑和CPU曾经非常昂贵，而现在它们就是日用品。现在，开发者的时间才是紧缺和昂贵的资源。

这样的转变在缓慢地进行着，但是人们也真正认清了这个事实。我们看到，需要耗费10人年开发的J2EE项目已经从辉煌走向下坡路。使用PHP，一个月的时间就可以完成，并能交付大部分的功能。像PHP这样的语言和Ruby on Rails这样的框架越来越受到关注（参见[TH05]），这表明了开发者已经意识到旧的技术再也行不通了。

但丢弃已经会的东西并不容易。很多团队在犹豫，是因为管理者拒绝用500美元购买一台构建机器，却宁愿花费好几万美元的人工费，让程序员花时间找出问题。而实际上，买一台构建机器就可以解决这些问题。如果购买机器需要花费50万美元，那样做还情有可原，但现在早已时过境迁了。

> **根深蒂固的习惯不可能轻易地就丢弃掉**
> **Expensive mental models aren't discarded lightly**

在学习一门新技术的时候，多问问自己，是否把太多旧的态度和方法用在了新技术上。学习面向对象编程和学习面向过程编程是截然不同的。很容易会发现有人用C语言的方式编写Java代码，用VB的方式编写C#的代码（或者用Fortran的方式做任何事情）。这样，你辛苦地转向一门新的语言，却失去了期望获得的益处。

打破旧习惯很难，更难的是自己还没有意识到这个问题。丢弃的第一步，就是要**意识到**你还在使用过时的方法，这也是最难的部分。另一个难点就是要做到真正地丢弃旧习惯。思维定式是经过多年摸爬滚打才构建成型的，已经根深蒂固，没有人可以很容易就丢弃它们。

这也不是说你真地要完全丢弃它们。前面那个内存重复占位的例子，只是在稍大缓存中用手工维护一组工件的特殊案例。尽管实现方式不同了，但以前的技术还在你的大脑中。你不可能撬开大脑，把这一段记忆神经剪掉。其实，根据具体情况还可以运用旧知识。如果环境合适，可以举一反三地灵活应用，但一定要保证不是习惯性地落入旧习惯。

应该力求尽可能完全转入新的开发环境。例如，学习一门新的编程语言时，应使用推荐的集成开发环境，而不是你过去开发时用的工具插件。用这个工具编写一个和过去完全不同类型的项目。转换的时候，完全不要使用过去的语言开发工具。只有更少被旧习惯牵绊，才更容易养成新习惯。

学习新的东西，丢弃旧的东西。在学习一门新技术的时候，要丢弃会阻止你前进的旧习惯。毕竟，汽车要比马车车厢强得多。

切身感受

新技术会让人感到有一点恐惧。你确实需要学习很多东西。已有的技能和习惯为你打下了很好的基础，但不能依赖它们。

平衡的艺术

- 沉舟侧畔千帆过，病树前头万木春。要果断丢弃旧习惯，一味遵循过时的旧习惯会危害你的职业生涯。
- 不是完全忘记旧的习惯，而是只在使用适当的技术时才使用它。
- 对于所使用的语言，要总结熟悉的语言特性，并且比较这些特性在新语言或新版本中有什么不同。

8

打破砂锅问到底

"接受别人给你的解释。别人告诉你问题出在了什么地方，你就去看什么地方。不需要再浪费时间去追根究底。"

前面谈到的一些习惯是关于如何提高你和团队的技术的。下面有一个习惯几乎总是有用，可以用于设计、调试以及理解需求。

假设，应用系统出了大问题，他们找你来修复它。但你不熟悉这个应用系统，所以他们会帮助你，告诉你问题一定是出在哪个特殊的模块中——你可以放心地忽略应用系统的其他地方。你必须很快地解决这个问题，因为跟你合作的这些人耐心也很有限。

当你受到那些压力的时候，也许会觉得受到了胁迫，不想去深入了解问题，而且别人告诉你的已经够深入了。然而，为了解决问题，你需要很好地了解系统的全局。你需要查看所有你认为和问题相关的部分——即便其他人觉得这并不相干。

观察一下医生是如何工作的。当你不舒服的时候，医生会问你各种各样的问题——你有什么习惯，你吃了什么东西，什么地方疼痛，你已经服过什么样的药等。人的身体非常复杂，会受到很多因素的影响。如果医生没有全面地了解状况，就很可能出现误诊。

例如，住在纽约市的一个病人患有高烧、皮疹、严重的头痛、眼睛后面疼痛，以及肌肉和关节疼痛，他也许是染上了流感或者麻疹。但是，通过全面的检查，医生发现这个倒霉的病人刚去南美洲度假回来。所以，这病也许不是简单的流感，而是另有其他很多可能，也许是染上了登革出血热。

在计算机世界中也很相似，很多问题都会影响你的应用系统。为了解决问题，你需要知道许多可能的影响因素。当找人询问任何相关的问题时，让他们耐心地回答你的问题，这是你的职责。

或者，假设你和资深的开发者一起工作。他们可能比你更了解这个系统。但他们也是人，有时他们也会忘记一些东西。你的问题甚至会帮助他们理清思路。你从一个新人角度提出的问题，给他们提供了一个新的视角，也许就帮助他们解决了一直令人困扰的问题。

“为什么”是一个非常好的问题。事实上，在一本流行的管理图书《第五项修炼》中，作者建议，在理解一个问题的时候，需要渐次地问5个以上的“为什么”。这听起来就像退回到了4岁，那时对一切都充满着好奇。它是很好的方式，进一步挖掘简单直白的答案，通过这个路线，设想就会更加接近事实真相。

在《第五项修炼》一书中就有这样的例子。咨询师访问一个制造设备工厂的经理，就用到了这样一些追根究底的分析。看到地板上有油渍的时候，经理的第一反应是命令工人把它打扫干净。但是，咨询师问：“为什么地板上会有油渍？”经理不熟悉整个流程，就会责备这是清洁队的疏忽。咨询师再次问道：“为什么地板上有油渍？”通过一系列渐次提出的“为什么”和许多不同部门员工的帮助，咨询师最后找到了真正的问题所在：采购政策表述不明确，导致大量采购了一批有缺陷的垫圈。

答案出来之后，经理和其他员工都十分震惊，他们对这事一无所知。由此发现了一个重大的隐患，避免了其他方面更大的损失。而咨询师所做的不过就是问了“为什么”。

“哎呀，只要每周重启一次系统，就没有问题了。”真的吗？为什么呀？“你必须依次执行3次构建才能完成构建。”真的吗？为什么呀？“我们的用户根本不想要那个功能。”真的吗？为什么呀？

为什么呀？

不停地问为什么。不能只满足于别人告诉你的表面现象。要不停地提问直到你明白问题的根源。

切身感受

这就好比是从矿石中采掘贵重的珠宝。你不停地筛选掉无关的物质，一次比一次深入，直到找到发光的宝石。你要能感觉到真正地理解了问题，而不是只知道表面的症状。

平衡的艺术

- 你可能会跑题，问了一些与主题无关的问题。就好比是，如果汽车启动不了，你问是不是轮胎出了问题，这是没有任何帮助的。问“为什么”，但是要问到点子上。
- 当你问“为什么”的时候，也许你会被反问：“为什么你问这个问题？”在提问之前，想好你提问的理由，这会有助于你问出恰当的问题。
- “这个，我不知道”是一个好的起点，应该由此进行更进一步的调查，而不应在此戛然结束。

9 把握开发节奏

“我们很长时间没有进行代码复审，所以这周会复审所有的代码。此外，我们也要做一个发布计划了，那就从星期二开始，用3周时间，做下一个发布计划。”

在许多不成功的项目中，基本上都是随意安排工作计划，没有任何的规律。那样的随机安排很难处理。你根本不知道明天将会发生什么，也不知道什么时候开始下一轮的全体“消防演习”。

但是，敏捷项目会有一个节奏和循环，让开发更加轻松。例如，Scrum约定了30天之内不应发生需求变化，这样确保团队有一个良性的开发节奏。这有助于防止一次计划太多的工作和一些过大的需求变更。

相反，很多敏捷实践必须一直进行，也就是说，它贯穿于项目的整个生命周期。有人说，上帝发明了时间，就是为了防止所有事情同时发生。因此我们需要更具远见，保持不同的开发节奏，这样敏捷项目的所有事情就不会突然同时发生，也不会随机发生，时间也不会不可预知。

我们先来看某个工作日的情况。你希望每天工作结束的时候，都能完成自己的工作，你手上没有遗留下任何重要的任务。当然，每天都能这样是不现实的。但是，你可以做到在每天下班离开公司前运行测试，并提交一天完成的代码。如果已经很晚了，并且你只是尝试性地编写了一些代码，那么也许最好应该删掉这些代码，第二天从头开始。

这个建议听起来十分极端，也许确实有一点。[①] 但是如果你正在开发小块的任务，这种方式非常有助于你管理自己的时间：如果在你工作的时候没有一个固定的最终期限（例如一天的结束），就应该好好想想了。它会让你的工作有一个节奏，在每天下班的时候，提交所有的工作，开心地收工。这样，明天就能开始新的内容，解决下一系列难题。

---

① Ron Jeffrey告诉我们：“我希望人们敢于经常这么做。”

时 间 盒

敏捷开发者可以从多方面得到反馈：用户、团队成员和测试代码。这些反馈会帮助你驾驭项目。但是时间本身就是一个非常重要的反馈。

许多的敏捷技巧来源于时间盒——设定一个短时的期限，为任务设定不能延长的最终期限。你可以选择放弃其他方面的任务，但是最终期限是不变的。你可能不知道完成所有的任务需要多少个时间盒，但每个时间盒必须是短期的、有限的，并且要完成具体的目标。

例如，迭代一般是两周的时间。当时间到的时候，迭代就完成了。那部分是固定不变的，但是在一个具体的迭代中完成哪些功能是灵活的。换句话说，你不会改变时间，但是你可以改变功能。相似地，你会为设计讨论会设定一个时间盒，即到了指定的时间点，会议就结束，同时必须要做出最终的设计决策。

当你遇到艰难抉择的时候，固定的时间期限会促使你做决定。你不能在讨论或功能上浪费很多时间，这些时间可以用于具体的工作。时间盒会帮助你一直前进。

鲨鱼必须不停地向前游，否则就会死亡。在这方面，软件项目就像是鲨鱼，你需要不停地前进，同时要清楚自己的真实进度。

站立会议（习惯38，第148页）最好每天在固定的时间和地点举行，比如说上午10点左右。要养成这样的习惯，在那时就准备好一切参加站立会议。

最大的节拍就是迭代时间（习惯17，第69页），一般是1~4周的时间。不管你的一个迭代是多长，都应该坚持——确保每个迭代周期的时间相同很重要。运用有规律的开发节奏，会更容易达到目标，并确保项目不停地前进。

解决任务，在事情变得一团糟之前。保持事件之间稳定重复的间隔，更容易解决常见的重复任务。

切身感受

项目开发需要有一致和稳定的节奏。编辑，运行测试，代码复审，一致的迭代，然后发布。如果知道什么时候开始下一个节拍，跳舞就会更加容易。

平衡的艺术

- 在每天结束的时候，测试代码，提交代码，没有残留的代码。
- 不要搞得经常加班。
- 以固定、有规律的长度运行迭代（第69页，习惯17）。也许刚开始你要调整迭代的长度，找到团队最舒服可行的时间值，但之后就必须要坚持。
- 如果开发节奏过于密集，你会精疲力竭的。一般来说，当与其他团队（或组织）合作时，你需要减慢开发节奏。因此人们常说，互联网时代发展太快，有害健康。
- 有规律的开发节奏会暴露很多问题，让你有更多鼓起勇气的借口（第23页，习惯4）。
- 就像是减肥一样，一点点的成功也是一个很大的激励。小而可达到的目标会让每个人全速前进。庆祝每一次难忘的成功：共享美食和啤酒或者团队聚餐。

第4章

交付用户想要的软件

没有任何计划在遇敌后还能继续执行。

——Helmuth von Moltke（德国陆军元帅，1848—1916）

客户把需求交给你了，要你几年后交付这个系统。然后，你就基于这些需求构建客户需要的系统，最后按时交付。客户看到了软件，连声称赞做得好。从此你又多了一个忠实客户，接着你很开心地进入了下一个项目。你的项目通常都是这样运作的，是这样的吗？

其实，大部分人并不会遇到这样的项目。通常情况是：客户最后看到了软件，要么震惊要么不高兴。他们不喜欢所看到的软件，他们认为很多地方需要修改。他们要的功能不在他们给你的原始需求文档中。这听起来是不是更具代表性？

Helmuth von Moltke曾说过："没有任何计划在遇敌后还能继续执行。"我们的敌人不是客户，不是用户，不是队友，也不是管理者。真正的敌人是变化。软件开发如战争，形势的变化快速而又剧烈。固守昨天的计划而无视环境的变化会带来灾难。你不可能"战胜"变化——无论它是设计、架构还是你对需求的理解。敏捷——成功的软件开发方法——取决于你识别和适应变化的能力。只有这样才有可能在预算之内及时完成开发，创建真正符合用户需求的系统。

在本章中，我们会介绍如何达到敏捷的目标。首先，要介绍为什么用户和客户参与开发如此重要，以及为什么**让客户做决定**（从第45页开始）。设计是软件开发的基础，没有它很难做好开发，但你也不能被它牵制。从第48页开始，将介绍如何**让设计指导而不是操纵开发**。说到牵制，你应确保在项目中引入合适的技术。你需要**合理地使用技术**（第52页介绍）。

为了让软件符合用户的需求，要一直做下面的准备工作。为了降低集成新代码带来的破坏性变化，你要**提早集成，频繁集成**（第58页）。当然，你不想破坏已有的代码，想让代码一直**保持可以发布**（从第55页开始）。

你不能一次又一次为用户演示新功能，而浪费宝贵的开发时间，因此你需要**提早实现自动化部署**（第61页）。只要你的代码一直可用，并且易于向用户部署，你就能**使用演示获得频繁反馈**（第64页）。这样你就能经常向全世界发布新版本。你想通过**使用短迭代，增量发布**来帮助经常发布新功能，与用户的需求变化联系更紧密（从第69页开始介绍它）。

最后，特别是客户要求预先签订固定价格合约时，很难通过敏捷的方法让客户与我们同坐一条船上。而且，事实上是**固定的价格就意味着背叛承诺**，我们会在第73页了解如何处理这种情况。

10

让客户做决定

“开发者兼具创新和智慧，最了解应用程序。因此，所有关键决定都应该由开发者定夺。每次业务人员介入的时候，都会弄得一团糟，他们无法理解我们做事的逻辑。”

在设计方面，做决定的时候必须有开发者参与。可是，在一个项目中，他们不应该做所有的决定，特别是业务方面的决定。

就拿项目经理Pat的例子来说吧。Pat的项目是远程开发，一切按计划且在预算内进行着——就像是个可以写入教科书的明星项目。Pat高高兴兴地把代码带到客户那里，给客户演示，却败兴而归。

原来，Pat的业务分析师没有和用户讨论，而是自作主张，决定了所有的问题。在整个开发过程中，企业主根本没有参与具体的决策。项目离完成还早着呢，就已经不能满足用户的需要了。这个项目一定会延期，又成为一个经典的失败案例。

因而，你只有一个选择：要么现在就让用户做决定，要么现在就开始开发，迟些让用户决定，不过要付出较高的成本。如果你在开发阶段回避这些问题，就增加了风险，但是你要能越早解决这些问题，就越有可能避免繁重的重新设计和编码。甚至在接近项目最终期限的时候，也能避免与日俱增的时间压力。

例如，假设你要完成一个任务，有两种实现方式。第一种方式的实现比较快，但是对用户有一点限制。第二种方式实现起来需要更多的时间，但是可以提供更大的灵活性。很显然，你有时间的压力（什么项目没有时间压力呢），那么你就用第一种很快的方式吗？你凭什么做出这样的决定呢？是投硬币吗？你询问了同事或者你的项目经理吗？

作者之一Venkat最近的一个项目就遇到了类似的问题。项目经理为了节约时间，采取了第一种方式。也许你会猜到，在Beta版测试的时候，软件暴露出的局限让用户震惊，甚至愤怒。结果还得重做，花费了团队更多的金钱、时间和精力。

决定什么不该决定
Decide what you shouldn't decide

开发者（及项目经理）能做的一个最重要的决定就是：判断哪些是自己决定不了的，应该让企业主做决定。你不需要自己给业务上的关键问题做决定。毕竟，那不是你的事情。如果遇到了一个问题，会影响到系统的行为或者如何使用系统，把这个问题告诉业务负责人。如果项目领导或经理试图全权负责这些问题，要委婉地劝说他们，这些问题最好还是和真正的业务负责人或者客户商议（见习惯4，第23页）。

当你和客户讨论问题的时候，准备好几种可选择的方案。不是从技术的角度，而是从业务的角度，介绍每种方案的优缺点，以及潜在的成本和利益。和他们讨论每个选择对时间和预算的影响，以及如何权衡。无论他们做出了什么决定，他们必须接受它，所以最好让他们了解一切之后再做这些决定。如果事后他们又想要其他的东西，可以公正地就成本和时间重新谈判。

毕竟，这是他们的决定。

让你的客户做决定。开发者、经理或者业务分析师不应该做业务方面的决定。用业务负责人能够理解的语言，向他们详细解释遇到的问题，并让他们做决定。

切身感受

业务应用需要开发者和业务负责人互相配合来开发。这种配合的感觉就应该像一种良好的、诚实的工作关系。

平衡的艺术

- 记录客户做出的决定，并注明原因。好记性不如烂笔头。可以使用工程师的工作日记或日志、Wiki、邮件记录或者问题跟踪数据库。但是也要注意，你选择的记录方法不能太笨重或者太繁琐。
- 不要用过于具体和没有价值的问题打扰繁忙的业务人员。如果问题对他们的业务没有影响，就应该是没有价值的。

- 不要随意假设具体的问题不会影响他们的业务。如果能影响他们的业务，就是有价值的问题。
- 如果业务负责人回答“我不知道”，这也是一个称心如意的答案。也许是他们还没有想到那么远，也许是他们只有看到运行的实物才能评估出结果。尽你所能为他们提供建议，实现代码的时候也要考虑可能出现的变化。

11 让设计指导而不是操纵开发

“设计文档应该尽可能详细，这样，低级的代码工人只要敲入代码就可以了。在高层方面，详细描述对象的关联关系；在低层方面，详细描述对象之间的交互。其中一定要包括方法的实现信息和参数的注释。也不要忘记给出类里面的所有字段。编写代码的时候，无论你发现了什么，绝不能偏离了设计文档。”

“设计”是软件开发过程不可缺少的步骤。它帮助你理解系统的细节，理解部件和子系统之间的关系，并且指导你的实现。一些成熟的方法论很强调设计，例如，统一过程（Unified Process，UP）十分重视和产品相关的文档。项目管理者和企业主常常为开发细节困扰，他们希望在开始编码之前，先有完整的设计和文档。毕竟，那也是你如何管理桥梁或建筑项目的，难道不是吗？

另一方面，敏捷方法建议你早在开发初期就开始编码。是否那就意味着没有设计呢？[①] 不，绝对不是，好的设计仍然十分重要。画关键工作图（例如，用UML）是必不可少的，因为要使用类及其交互关系来描绘系统是如何组织的。在做设计的时候，你需要花时间去思考（讨论）各种不同选择的缺陷和益处，以及如何做权衡。

然后，下一步才考虑是否需要开始编码。如果你在前期没有考虑清楚这些问题，就草草地开始编码，很可能会被很多意料之外的问题搞晕。甚至在建筑工程方面也有类似的情况。在锯一根木头的时候，通常的做法就是先锯一块比需要稍微长一点的木块，最后细致地修整，直到它正好符合需求。

但是，即使之前已经提交了设计文档，也还会有一些意料之外的情况出现。时刻谨记，此阶段提出的设计只是基于你目前对需求的理解而已。一旦开始了编码，一切都会改变。设计及其代码实现会不停地发展和变化。

一些项目领导和经理认为设计应该尽可能地详细，这样就可以简单地交付给“代

① 查阅Martin Fowler的文章*Is Design Dead?*（http://www.martinfowler.com/articles/designDead.html），它是对本主题深入讨论的一篇好文章。

码工人们”。他们认为代码工人不需要做任何决定，只要简单地把设计转化成代码就可以了。就作者本人而言，没有一个愿意在这样的团队中做纯粹的打字员。我们猜想你也不愿意。

> 设计满足实现即可，不必过于详细
> Design should be only as detailed as needed to implement

如果设计师们把自己的想法绘制成精美的文档，然后把它们扔给程序员去编码，那会发生什么（查阅习惯39，在第152页）？程序员会在压力下，完全按照设计或者图画的样子编码。如果系统和已有代码的现状表明接收到的设计不够理想，那该怎么办？太糟糕了！时间已经花费在设计上，没有工夫回头重新设计了。团队会死撑下去，用代码实现了明明知道是错误的设计。这听起来是不是很愚蠢？是够愚蠢的，但是有一些公司真的就是这样做的。

严格的需求-设计-代码-测试开发流程源于理想化的*瀑布式*[①]开发方法，它导致在前面进行了过度的设计。这样在项目的生命周期中，更新和维护这些详细的设计文档变成了主要工作，需要时间和资源方面的巨大投资，却只有很少的回报。我们本可以做得更好。

设计可以分为两层：*战略*和*战术*。前期的设计属于战略，通常只有在没有深入理解需求的时候需要这样的设计。更确切地说，它应该只描述总体战略，不应深入到具体的细节。

> **做到精确**
>
> 如果你自己都不清楚所谈论的东西，就根本不可能精确地描述它。
>
> ——约翰·冯·诺依曼

前面刚说过，战略级别的设计不应该具体说明程序方法、参数、字段和对象交互精确顺序的细节。那应该留到战术设计阶段，它应该在项目开发的时候再具体展开。

① 瀑布式开发方法意味着要遵循一系列有序的开发步骤，前面是定义详细的需求，然后是详细的设计，接着是实现，再接着是集成，最后是测试（此时你需要向天祈祷）。那不是作者首先推荐的做法。更多详情可以查阅[Roy70]。

战略设计与战术设计
Strategic versus tactical design

良好的战略设计应该扮演地图的角色，指引你向正确的方向前进。任何设计仅是一个起跑点：它就像你的代码一样，在项目的生命周期中，会不停地进一步发展和提炼。

下面的故事会给我们一些启发。在1804年，Lewis与Clark[1]进行了横穿美国的壮举，他们的“设计”就是穿越蛮荒。但是，他们不知道在穿越殖民地时会遇到什么样的问题。他们只知道自己的目标和制约条件，但是不知道旅途的细节。

软件项目中的设计也与此类似。在没有穿越殖民地的时候，你不可能知道会出现什么情况。所以，不要事先浪费时间规划如何徒步穿越河流，只有当你走到河岸边的时候，才能真正评估和规划如何穿越。只有到那时，你才开始真正的战术设计。

不要一开始就进行战术设计，它的重点是集中在单个的方法或数据类型上。这时，更适合讨论如何设计类的职责。因为这仍然是一个高层次、面向目标的设计。事实上，CRC（类-职责-协作）卡片的设计方法就是用来做这个事情的。每个类按照下面的术语描述。

- 类名。
- 职责：它应该做什么？
- 协作者：要完成工作它要与其他什么对象一起工作？

如何知道一个设计是好的设计，或者正合适？代码很自然地为设计的好坏提供了最好的反馈。如果需求有了小的变化，它仍然容易去实现，那么它就是好的设计。而如果小的需求变化就带来一大批基础代码的破坏，那么设计就需要改进。

好设计是一张地图，它也会进化。设计指引你向正确的方向前进，它不是殖民地，它不应该标识具体的路线。你不要被设计（或者设计师）操纵。

① 这世界真小，Andy还是William Clark的远亲呢。

切身感受

好的设计应该是正确的，而不是精确的。也就是说，它描述的一切必须是正确的，不应该涉及不确定或者可能会发生变化的细节。它是目标，不是具体的处方。

平衡的艺术

- “不要在前期做大量的设计”并不是说不要设计。只是说在没有经过真正的代码验证之前，不要陷入太多的设计任务。当对设计一无所知的时候，投入编码也是一件危险的事。如果深入编码只是为了学习或创造原型，只要你随后能把这些代码扔掉，那也是一个不错的办法。
- 即使初始的设计到后面不再管用，你仍需设计：设计行为是无价的。正如美国总统艾森豪威尔所说：“**计划**是没有价值的，但**计划的过程**是必不可少的[①]。”在设计过程中学习是有价值的，但设计本身也许没有太大的用处。
- 白板、草图、便利贴都是非常好的设计工具。复杂的建模工具只会让你分散精力，而不是启发你的工作。

---

① 1957年的演讲稿。

合理地使用技术

“你开始了一个新的项目，在你面前有一长串关于新技术和应用框架的列表。这些都是好东西，你真的需要使用列表中所有的技术。想一想，你的简历上将留下漂亮的一笔，用那些伟大的框架，你的新应用将具有极高技术含量。”

> **盲目地为项目选择技术框架，就好比是为了少交税而生孩子**
>
> ***Blindly picking a framework is like having kids to save taxes***

从前，作者之一Venkat的同事Lisa向他解释自己的提议：她打算使用EJB。Venkat表示对EJB有些顾虑，觉得它不适合那个特殊的项目。然后Lisa回答道：“我已经说服了我们经理，这是正确的技术路线，所以现在不要再扔‘炸弹’了。”这是一个典型的“简历驱动设计”的例子，之所以选择这个技术，是因为它很美，也许还能提高程序员的技能。但是，盲目地为项目选择技术框架，就好比是为了节省税款而生孩子，这是没有道理的。

在考虑引入新技术或框架之前，先要把你需要解决的问题找出来。你的表述方式不同，会让结果有很大差异。如果你说“我们需要*xyzzy*技术，是因为……”，那么就不太靠谱。你应该这样说：“……太难了”或者是“……花的时间太长了”，或者类似的句子。找到了需要解决的问题，接下来就要考虑：

- **这个技术框架真能解决这个问题吗？**是的，也许这是显而易见的。但是，这个技术真能解决你面临的那个问题吗？或者，更尖锐一点说，你是如何评估这个技术的？是通过市场宣传还是道听途说？要确保它能解决你的问题，并没有任何的毒副作用。如果需要，先做一个小的原型。
- **你将会被它拴住吗？**一些技术是贼船，一旦你使用了它，就会被它套牢，再也不可能回头了。它缺乏**可取消性**（查阅[HT00]），当条件发生变化时，这可能对项目有致命打击。我们要考虑它是开放技术还是专利技术，如果是开放的技术，那又开放到什么程度？
- **维护成本是多少？**会不会随着时间的推移，它的维护成本会非常昂贵？毕竟，方案的花费不应该高于要解决的问题，否则就是一次失败的投资。我们听说，有个项目的合同是支持一个规则引擎，引擎一年的维护费用是5万美元，但是这个数据库只有30条规则。这也太贵了。

当你在考察一个框架（或者任何技术）的时候，也许会被它提供的各种功能吸引。接着，在验证是否使用这个框架的时候，你可能只会考虑已经发现的另外一些功能。但是，你真的需要这些功能吗？也许为了迎合你发现的功能，你正在为它们找问题。这很像站在结账处一时冲动而买些无用的小零碎（那也正是商场把那些小玩意儿放到那里的原因）。

不久前，Venkat遇到了一个项目。咨询师Brad把一个专有框架卖给了这个项目的管理者。在Venkat看来，这个框架本身也许还有点儿意思，但是它根本不适合这个项目。

尽管如此，管理者却坚决认为他们要使用它。Venkat非常礼貌地停手不干了。他不想成为绊脚石，阻碍他们的工作进度。一年之后项目还没有完成——他们花了好几个月的时间编写代码来维护这个框架，为了适应这个框架，他们还修改了自己的代码。

Andy有过相似的经历：他的客户想完全透明地利用开源，他们拥有“新技术大杂烩”，其中的东西太多，以至于无法让所有的部分协同工作。

如果你发现自己在做一些花哨的东西（比如从头创建自己的框架），那就醒醒吧，闻闻烟味有多大，马上该起火了。你的代码写得越少，需要维护的东西就越少。

不要开发你能下载到的东西
Don't build what you can download

例如，如果你想开发自己的持久层框架，记住Ted Neward的评论：对象–关系的映射就是计算机科学的越南战场[①]。你可以把更多的时间和精力投入到应用的开发——领域或具体应用中。

---

① Ted Neward曾写过*The Vietnam of Computer Science*著名文章，逐一探讨了对象–关系映射的缺点。——编者注

根据需要选择技术。首先决定什么是你需要的，接着为这些具体的问题评估使用技术。对任何要使用的技术，多问一些挑剔的问题，并真实地作出回答。

切身感受

新技术就应该像是新的工具，可以帮助你更好地工作，它自己不应该成为你的工作。

平衡的艺术

- 也许在项目中真正评估技术方案还为时太早。那就好。如果你在做系统原型并要演示给客户看，也许一个简单的散列表就可以代替数据库了。如果你还没有足够的经验，不要急于决定用什么技术。
- 每一门技术都会有优点和缺点，无论它是开源的还是商业产品、框架、工具或者语言，一定要清楚它的利弊。
- 不要开发那些你容易下载到的东西。虽然有时需要从最基础开发所有你需要的东西，但那是相当危险和昂贵的。

13 保持可以发布

“我们刚试用的时候发现了一个问题，你需要立即修复它。放下你手头的工作，去修复那个刚发现的问题，不需要经过正规的程序。不用告诉其他任何人——赶快让它工作就行了。”

这听起来似乎没什么问题。有一个关键修复的代码必须要提交到代码库。这只是一件小事，而且又很紧急，所以你就答应了。

修复工作成功地完成了。你提交了代码，继续回到以前那个高优先级的任务中。忽然一声尖叫。太晚了，你发现同事提交的代码和你的代码发生了冲突，现在你使得每个人都无法使用系统了。这将会花费很多精力（和时间）才能让系统重新回到可发布的状态。现在你有麻烦了。你必须告诉大家，你不能交付你承诺的修复代码了。而魔鬼在嘲笑：“哈哈哈！”

这时候，你的处境会很糟糕：系统无法发布了。你弄坏了系统，也许会带来更糟糕的后果。

1836年，当时的墨西哥总统安东尼奥·洛佩斯·德·圣安那将军，率领部队穿越得克萨斯州西部，追赶败退的萨姆·休斯顿将军。当圣安那的部队到达得克萨斯州东南方向的布法罗河岸的沼泽地带的时候，他命令自己的部队就地休息。传说中认为他是太过自信，甚至没有安排哨兵。就在那个傍晚，休斯顿发动了突然袭击，这时圣安那的部队已经来不及编队了。他们溃不成军，输掉了这场决定性的战争，从此永远改变了得克萨斯州的历史[①]。

> **已提交的代码应该随时可以行动**
> **Checked-in code is always ready for action**

任何时候只要你没有准备好，那就是敌人进攻你的最佳时机。好好想一想，你的项目进入不可发布状态的频率是多少？你的源代码服务器中的代码，是不是像圣安那在那个决定性的黄昏一样——没有进行编队，遇到紧

① http://www.sanjacinto-museum.org/The_Battle/April_21st_1836。

急情况无法立即启动。

在团队里工作，修改一些东西的时候必须很谨慎。你要时刻警惕，每次改动都会影响系统的状态和整个团队的工作效率。在办公室的厨房里，你不能容忍任何人乱丢垃圾，为什么就可以容忍一些人给项目带来垃圾代码呢？

下面是一个简单的工作流程，可以防止你提交破坏系统的代码。

- **在本地运行测试。**先保证你完成的代码可以编译，并且能通过所有的单元测试。接着确保系统中的其他测试都可以通过。
- **检出最新的代码。**从版本控制系统中更新代码到最新的版本，再编译和运行测试。这样往往会发现让你吃惊的事情：其他人提交的新代码和你的代码发生了冲突。
- **提交代码。**现在是最新的代码了，并且通过了编译和测试，你可以提交它们了。

在做上面事情的时候，也许你会遇到这样一个问题——其他人提交了一些代码，但是没有通过编译或者测试。如果发生了这样的事情，要立即让他们知道，如果有需要，可以同时警告其他的同事。当然，最好的办法是，你有一个持续集成系统，可以自动集成并报告集成结果。

这听起来似乎有点恐怖，其实很简单。持续集成系统就是在后台不停地检出、构建和测试代码的应用。你可以自己使用脚本快速实现这样的方式，但如果你选择已有的免费、开源的解决方案，它们会提供更多的功能且更加稳定。有兴趣的话，可以看一看Martin Fowler的文章[1]，或者是Mike Clark编著的图书《项目自动化之道》[Cla04]。

再深入一点，假设你得知即将进行的一次重大修改很可能会破坏系统，不要任其发生，应该认真地警告大家，在代码提交之前，找出可以避免破坏系统的方法。选择可以帮助你平滑地引入和转换这些修改的方法，从而在开发过程中，系统可以得到持续的测试和反馈。

虽然保持系统可发布非常重要，但不会总是那么容易，例如，修改了数据库的表

① http://www.martinfowler.com/articles/continuousIntegration.html。

结构、外部文件的格式，或者消息的格式。这些修改，通常会影响应用的大部分代码，甚至导致应用暂时不可用，直到大量的代码修改完成。尽管如此，你还是有办法减轻这样的痛苦。

为数据库的表结构、外部文件，甚至引用它的API提供版本支持，这样所有相关变化都可以进行测试。有了版本功能，所做的变化可以与其他代码基相隔离，所以应用的其他方面仍然可以继续开发和测试。

你也可以在版本控制系统中添加一个分支，专门处理这个问题（使用分支需要十分小心，不好的分支也许会给你带来更多的麻烦。详情可以查阅《版本控制之道——CVS》或《版本控制之道——Subversion》）。

保持你的项目时刻可以发布。保证你的系统随时可以编译、运行、测试并立即部署。

切身感受

你会觉得，不管什么时候，你的老板、董事长、质量保障人员、客户或者你的配偶来公司参观项目的时候，你都能很自信并毫不犹豫地给他们演示最新构建的软件。你的项目一直处于可以运行的稳定状态。

平衡的艺术

- 有时候，做一些大的改动后，你无法花费太多的时间和精力去保证系统一直可以发布。如果总共需要一个月的时间才能保证它一周内可以发布，那就算了。但这只应该是例外，不能养成习惯。
- 如果你不得不让系统长期不可以发布，那就做一个（代码和架构的）分支版本，你可以继续进行自己的实验，如果不行，还可以撤销，从头再来。千万不能让系统既不可以发布，又不可以撤销。

14 提早集成，频繁集成

“只要没有到开发的末尾阶段，就不要过早地浪费时间去想如何集成你的代码，至少也要等开发差不多的时候，才开始考虑它。毕竟，还没有完成开发，为什么要操心集成的事情呢！在项目的末尾，你有充裕的时间来集成代码。”

我们说过，敏捷的一个主要特点就是持续开发，而不是三天打鱼两天晒网似地工作。特别是在几个人一起开发同一个功能的时候，更应该频繁地集成代码。

很多开发者用一些美丽的借口，推迟集成的时间。有时，不过是为了多写一些代码，或者是另一个子系统还有很多的工作要完成。他们很容易就会这样想：“现在手头上的工作压力够大了，到最后我才能做更多的工作，才能考虑其他人代码。”经常会听到这样的借口：“我没有时间进行集成”或者“在我机器上设置集成环境太费事了，我现在不想做它”。

但是，在产品的开发过程中，集成是一个主要的风险区域。让你的子系统不停地增长，不去做系统集成，就等于一步一步把自己置于越来越大的风险中，世界没有了你仍然会转动，潜在的分歧会继续增加。相反，尽可能早地集成也更容易发现风险，这样风险及相关的代价就会相当低。而等的时间越长，你也就会越痛苦。

作者之一Venkat小时候生活在印度钦奈市，经常赶火车去学校。像其他的大城市一样，印度的交通非常拥挤。他每次必须在车还没有停稳的时候，就跳上去或者跳下来。但，你不能从站的地方一下子跳上运行的火车，我们在物理课上学习过这种运动定律。而应该是，首先你要沿着火车行驶的方向跑，边跑边抓住火车上的扶手，然后跳入火车中。

软件集成就像这一样。如果你不断地独立开发，忽然有一天跳到集成这一步，千万不要为受到打击而吃惊。也许你自己在项目中就有这样的体会：每次到项目结束的时候都觉得非常不爽，大家需要日日夜夜地进行集成。

你能集成并且独立

集成和独立不是互相矛盾的，你可以一边进行集成，一边进行独立开发。

使用mock对象来隔离对象之间的依赖关系，这样在集成之前就可以先做测试，用一个mock对象模拟真实的对象（或者子系统）。就像是拍电影时在光线的掩饰下使用替身一样，mock对象就是真实对象的替身，它并不提供真实对象的功能，但是它更容易控制，能够模仿需要的行为，使测试更加简单。

你可以使用mock对象，编写独立的单元测试，而不需要立刻就集成和测试其他系统，只有当你自信它能工作的时候，才可以开始集成。

当你在公司昏天黑地地加班时，唯一的好处就是可以享受到免费的披萨。

独立开发和早期集成之间是具有张力的。当你独立开发时，会发现开发速度更快，生产率更高，你可以更有效地解决出现的问题（见第136页，习惯35）。但那并不意味着要你避免或延迟集成（见本页侧边栏）。你一般需要每天集成几次，最好不要2~3天才集成一次。

决不要做大爆炸式的集成
Never accept big-bang integration

当早期就进行集成的时候，你会看到子系统之间的交互和影响，你就可以估算它们之间通信和共享的信息数据。你越早弄清楚这些问题，越早解决它们，工作量就越小。就好比是，刚开始有3个开发者，开发着5万行的代码，后来是5000个开发者进行3000万行代码的开发。相反，如果你推迟集成的时间，解决这些问题就会变得很难，需要大量和大范围地修改代码，会造成项目延期和一片混乱。

提早集成，频繁集成。代码集成是主要的风险来源。要想规避这个风险，只有提早集成，持续而有规律地进行集成。

切身感受

如果你真正做对了，集成就不再会是一个繁重的任务。它只是编写代码周期中的一部分。集成时产生的问题，都会是小问题并且容易解决。

平衡的艺术

- 成功的集成就意味着所有的单元测试不停地通过。正如医学界希波克拉底的誓言：首先，不要造成伤害。
- 通常，每天要和团队其他的成员一起集成代码好几次，比如平均每天5~10次，甚至更多。但如果你每次修改一行代码就集成一次，那效用肯定会缩水。如果你发现自己的大部分时间都在集成，而不是写代码，那你一定是集成得过于频繁了。
- 如果你集成得不够频繁（比如，你一天集成一次，一周一次，甚至更糟），也许就会发现整天在解决代码集成带来的问题，而不是在专心写代码。如果你集成的问题很大，那一定是做得不够频繁。
- 对那些原型和实验代码，也许你想要独立开发，而不要想在集成上浪费时间。但是不能独立开发太长的时间。一旦你有了经验，就要快速地开始集成。

15 提早实现自动化部署

"没问题，可以手工安装产品，尤其是给质量保证人员安装。而且你不需要经常自己动手，他们都很擅长复制需要的所有文件。"

系统能在你的机器上运行，或者能在开发者和测试人员的机器上运行，当然很好。但是，它同时也需要能够部署在用户的机器上。如果系统能运行在开发服务器上，那很好，但是它同时也要运行在生产环境中。

这就意味着，你要能用一种可重复和可靠的方式，在目标机器上部署你的应用。不幸的是，大部分开发者只会在项目的尾期才开始考虑部署问题。结果经常出现部署失败，要么是少了依赖的组件，要么是少了一些图片，要么就是目录结构有误。

如果开发者改变了应用的目录结构，或者是在不同的应用之间创建和共享图片目录，很可能会导致安装过程失败。当这些变化在人们印象中还很深的时候，你可以快速地找到各种问题。但是几周或者几个月之后查找它们，特别是在给客户演示的时候，可就不是一件闹着玩的事情了。

> **质量保证人员应该测试部署过程**
> **QA should test deployment**

如果现在你还是手工帮助质量保证人员安装应用，花一些时间，考虑如何将安装过程自动化。这样，只要用户需要，你就可以随时为他们安装系统。要提早实现它，这样让质量保证团队既可以测试应用，又可以测试安装过程[①]。如果还是手工安装应用，那么最后把应用部署到生产环境时会发生什么呢？就算公司给你加班费，你也不愿意为不同用户的机器或不同地点的服务器上一遍又一遍地安装应用。

有了自动化部署系统后，在项目开发的整个过程中，会更容易适应互相依赖的变化。很可能你在安装系统的时候，会忘记添加需要的库或组件——在任意一台机器上运行自动化安装程序，你很快就会知道什么丢失了。如果因为缺少了一些组

① 确保他们能提前告诉你运行的软件版本，避免出现混乱。

件或者库不兼容而导致安装失败，这些问题会很快浮现出来。

Andy如是说……

从第一天起就开始交付

一开始就进行全面部署，而不是等到项目的后期，这会有很多好处。事实上，有些项目在正式开发之前，就设置好了所有的安装环境。

在我们公司，要求大家为预期客户实现一个简单的功能演示——验证一个概念的可行性。即使项目还没有正式开始，我们就有了单元测试、持续集成和基于窗口的安装程序。这样，我们就可以更容易更简单地给用户交付这个演示系统：用户所要做的工作，就是从我们的网站上点击一个链接，然后就可以自己在各种不同的机器上安装这个演示系统了。

在签约之前，就能提供出如此强大的演示，这无疑证明了我们非常专业，具有强大的开发能力。

一开始就实现自动化部署应用。使用部署系统安装你的应用，在不同的机器上用不同的配置文件测试依赖的问题。质量保证人员要像测试应用一样测试部署。

切身感受

这些工作都应该是无形的。系统的安装或者部署应该简单、可靠及可重复。一切都很自然。

平衡的艺术

- 一般产品在安装的时候，都需要有相应的软、硬件环境。比如，Java或Ruby的某个版本、外部数据库或者操作系统。这些环境的不同很可能会导致很多技术支持的电话。所以检查这些依赖关系，也是安装过程的一部分。
- 在没有询问并征得用户的同意之前，安装程序绝对不能删除用户的数据。

- 部署一个紧急修复的bug应该很简单，特别是在生产服务器的环境中。你知道这会发生，而且你不想在压力之下，在凌晨3点半，你还在手工部署系统。
- 用户应该可以安全并且完整地卸载安装程序，特别是在质量保证人员的机器环境中。
- 如果维护安装脚本变得很困难，那很可能是一个早期警告，预示着——很高的维护成本（或者不好的设计决策）。
- 如果你打算把持续部署系统和产品CD或者DVD刻录机连接到一起，你就可以自动地为每个构建制作出一个完整且有标签的光盘。任何人想要最新的构建，只要从架子上拿最上面的一张光盘安装即可。

16 使用演示获得频繁反馈

"这不是你的过错，问题出在我们的客户——那些麻烦的最终客户和用户身上。他们不停地更改需求，导致我们严重地延期。他们一次就应该想清楚所有想要的东西，然后把这些需求给我们，这样我们才能开发出令他们满意的系统。这才是正确的工作方式。"

> **需求就像是流动着的油墨**
> **Requirements are as fluid as ink**

你时常会听到一些人想要冻结需求。但是，现实世界中的需求就像是流动着的油墨[①]。你无法冻结需求，正如你无法冻结市场、竞争、知识、进化或者成长一样。就算你真的冻结了，也很可能是冻结了错的东西。如果你期望用户在项目开始之前，就能给你可靠和明确的需求，那就大错特错了，赶快醒醒吧！

没有人的思想和观点可以及时冻结，特别是项目的客户。就算是他们已经告诉你想要的东西了，他们的期望和想法还是在不停地进化——特别是当他们在使用新系统的部分功能时，他们才开始意识到它的影响和可能发生的问题。这就是人的本性。

作为人类，不管是什么事情，我们都能越做越好，不过是以缓慢而逐步的方式。你的客户也一样。在给了你需求之后，他们会不停地研究这些功能，如何才能让它们变得更好使用。如果，你觉得自己要做的所有工作就是按照用户最初的需求，并实现了它们，但是在交付的时候，需求已经发生了变化，你的软件可能不会令他们满意。在软件开发过程中，你将自己置于最大的风险中：你生产出了他们曾经要求过的软件，但却不是他们现在真正想要的。那最后的结果就是：惊讶、震惊和失望，而不是满意。

几年前的一次数值分析课上，老师要求Venkat使用一些偏微分方程式模拟宇宙飞船的运行轨线。

---

① Edward V. Berard曾经指出："如果需求能被冻结，那么开发软件就如在冻冰上走路一样简单。"

程序基于时间t的坐标点，计算出在时间$t+\delta$的位置。程序最后绘出来的轨线图就是如图4-1中的虚线。

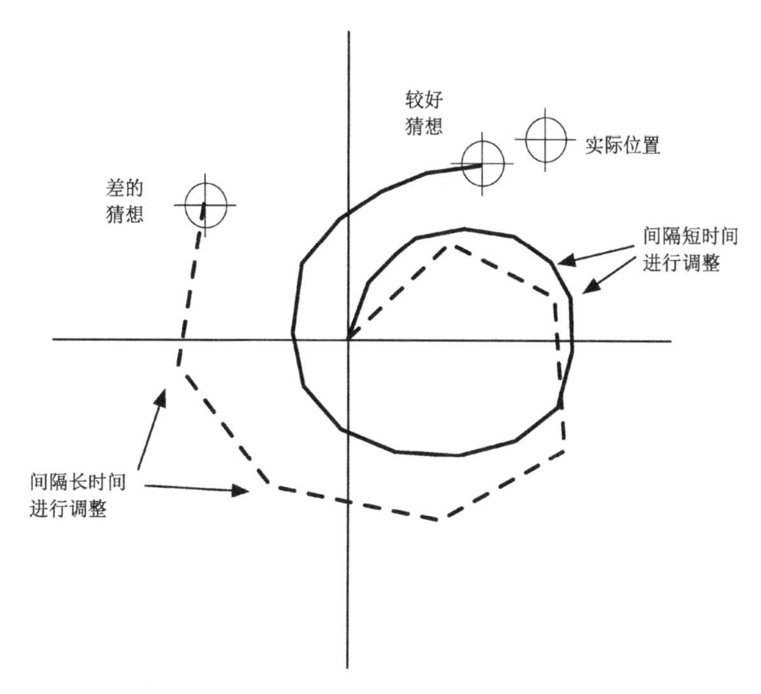

图4-1　计算宇宙飞船的运行轨线

我们发现，估算出来的宇宙飞船位置远远地偏离了它的真实位置。万有引力不是只在我们计算的坐标点上才起作用。实际上，万有引力一直起作用：它是连续的，而不是离散的。由于忽略了点之间的作用力，我们的计算不断引入了误差，所以宇宙飞船最后到达了错误的地方。

缩小点之间的间隔（就是δ的值），再运行计算程序，误差就会减少。这时，估算的位置（如图4-1中的实线）就和实际位置很接近了。

同理，你的客户的期望就像宇宙飞船的实际位置。软件开发的成功就在于最后你离客户的期望有多近。你计算的每个精确位置，就是一个给客户演示目前已经完成功能的机会，也正是得到用户反馈的时候。在你动身进入下一段旅程的时候，这些反馈可以用来纠正你的方向。

我们经常看到，给客户演示所完成功能的时间与得到客户需求的时间间隔越长，那么你就会离最初需求越来越远。

应该定期地，每隔一段时间，例如一个迭代的结束，就与客户会晤，并且演示你已经完成的功能特性。

如果你能与客户频繁协商，根据他们的反馈开发，每个人都可以从中受益。客户会清楚你的工作进度。反过来，他们也会提炼需求，然后趁热反馈到你的团队中。这样，他们就会基于自己进化的期望和理解为你导航，你编写的程序也就越来越接近他们的真实需求。客户也会基于可用的预算和时间，根据你们真实的工作进度，排列任务的优先级。

较短的迭代周期，会对频繁的反馈有负面影响吗？在宇宙飞船轨线的程序中，当δ降低的时候，程序运行就要花费更长的时间。也许你会觉得，使用短的迭代周期会使工作变慢，延迟项目的交付。

让我们从这个角度思考：两年来一直拼命地开发项目，直到快结束的时候，你和你的客户才发现一个基础功能有问题，而且它是一个核心的需求。你以为缺货订单是这样处理的，但这完全不是客户所想的东西。现在，两年之后，你完成了这个系统，写下了数百万行的代码，却背离了客户的期望。再怎么说，两年来辛苦写出的代码有相当大部分要重写，代价是沉重的。

相反，如果你一边开发，一边向他们演示刚完成的功能。项目进展了两个月的时候，他们说："等一下，缺货订单根本不是这么一回事。"于是，召开一个紧急会议：你重新审查需求，评估要做多大的改动。这时只要付很少的代价，就可以避免灾难了。

要频繁地获得反馈。如果你的迭代周期是一个季节或者一年（那就太长了），就应把周期缩短到一周或者两周。完成了一些功能和特征之后，去积极获得客户的反馈。

Andy如是说……

维护项目术语表

不一致的术语是导致需求误解的一个主要原因。企业喜欢用看似普遍浅显的词语来表达非常具体、深刻的意义。

我经常看到这样的事情：团队中的程序员们，使用了和用户或者业务人员不同的术语，最后因为“阻抗失调”导致bug和设计错误。

为了避免这类问题，需维护一份项目术语表。人们应该可以公开访问它，一般是在企业内部网或者Wiki上。这听起来似乎是一件小事情——只是一个术语列表及其定义。但是，它可以帮助你，确保你真正地和用户进行沟通。

在项目的开发过程中，从术语表中为程序结构——类、方法、模型、变量等选择合适的名字，并且要检查和确保这些定义一直符合用户的期望。

清晰可见的开发。在开发的时候，要保持应用可见（而且客户心中也要了解）。每隔一周或者两周，邀请所有的客户，给他们演示最新完成的功能，积极获得他们的反馈。

切身感受

项目启动了一段时间之后，你应该进入一种舒适的状态，团队和客户建立了一种健康的富有创造性的关系。

突发事件应极少发生。客户应该能感觉到，他们可以在一定程度上控制项目的方向。

跟踪问题

随着项目的进展，你会得到很多反馈——修正、建议、变更要求、功能增强、bug修复等。要注意的信息很多。随机的邮件和潦草的告示帖是无法应付的。所以，要有一个跟踪系统记录所有这些日志，可能是用Web界面的系统。更多详情参阅《软件项目成功之道》[RG05]。

平衡的艺术

- 当你第一次试图用这种方法和客户一起工作的时候，也许他们被这么多的发布吓到了。所以，要让他们知道，这些都是内部的发布（演示），是为了他们自己的利益，不需要发布给全部的最终用户。
- 一些客户，也许会觉得没有时间应付每天、每周甚至是每两周的会议。毕竟，他们还有自己的全职工作。

  所以要尊重客户的时间。如果客户只可以接受一个月一次会议，那么就定一个月。
- 一些客户的联络人的全职工作就是参加演示会议。他们巴不得每隔1小时就有一次演示和反馈。你会发现这么频繁的会议很难应付，而且还要开发代码让他们看。缩减次数，只有在你做完一些东西可以给他们演示的时候，大家才碰面。
- 演示是用来让客户提出反馈的，有助于驾驭项目的方向。如果缺少功能或者稳定性的时候，不应该拿来演示，那只能让人生气。可以及早说明期望的功能：让客户知道，他们看到的是一个正在开发中的应用，而不是一个最终已经完成的产品。

17 使用短迭代，增量发布

“我们为后面的3年制定了漂亮的项目计划，列出了所有的任务和可交付的时间表。只要我们那时候发布了产品，就可以占领市场。”

统一过程和敏捷方法都使用迭代和增量开发[①]。使用增量开发，可一次开发应用功能的几个小组。每一轮的开发都是基于前一次的功能，增加为产品增值的新功能。这时，你就可以发布或者演示产品。

迭代开发是，你在小且重复的周期里完成各种开发任务：分析、设计、实现、测试和获得反馈，所以叫作迭代。

迭代的结束就标记一个里程碑。这时，产品也许可用，也许不可用。在迭代结束时，新的功能全部完成，你就可以发布，让用户真正地使用，同时提供技术支持、培训和维护方面的资源。每次增加的新功能都会包含多次迭代。

> 给我一份详细的长期计划，我就会给你一个注定完蛋的项目
> *Show me a detailed long-term plan, and I'll show you a project that's doomed*

根据Capers Jones的格言：“……大型系统的开发是一件非常危险的事情。”大型系统更容易失败。它们通常不遵守迭代和增量开发的计划，或者迭代时间太长（更多关于迭代和演进开发的讨论，以及和风险的关系、生产率和缺点，可以查阅*Agile and Iterative Development：A Manager's Guide*[Lar04]一书）。Larman指出，软件开发不是精细的制造业，而是创新活动。规划几年之后客户才能真正使用的项目注定是行不通的。

对付大项目，最理想的办法就是小步前进，这也是敏捷方法的核心。大步跳跃大大地增加了风险，小步前进才可以帮助你很好地把握平衡。

在你周围，可以看到很多迭代和增量开发的例子。比如W3C（万维网联盟）提出

① 但是，所有减肥方案都会建议你应该少吃多做运动。然而，每份关于如何达到目标的计划都会不尽相同。

的XML规范DTD（Document Type Definitions，文档类型定义），它用来定义XML文档的词汇和结构，作为原规范的部分发布。虽然在DTD设计的时候就解决了很多问题，但是在真正使用的时候，又显现出很多问题和限制。基于用户的反馈对规范就有了更深一层的理解，这样就诞生了更加高效的第二代解决方案，例如Schema。如果他们一开始就试图进行一些完美的设计，也许就看不到XML成为今天的主流了——我们通过提早发布获得了灼见和经验。

大部分用户都是希望现在就有一个够用的软件，而不是在一年之后得到一个超级的好软件（可以参见《程序员修炼之道——从小工到专家》“足够好的软件”一节[HT00]）。确定使产品可用的核心功能，然后把它们放在生产环境中，越早交到用户的手里越好。

根据产品的特性，发布新的功能需要几周或者几个月的时间。如果是打算一年或者两年再交付，你就应该重新评估和重新计划。也许你要说，构建复杂的系统需要花费时间，你无法用增量的方式开发一个大型的系统。如果这种情况成立，就不要生产大的系统。可以把它分解成一块块有用的小系统，再进行增量开发。即使是美国国家航空航天管理局（NASA）也使用迭代和增量开发方式开发用于航天飞机的复杂软件（参见*Design, Development, Integration: Space Shuttle Primary Flight Software System* [MR84]）。

询问用户，哪些是使产品可用且不可缺少的核心功能。不要为所有可能需要的华丽功能而分心，不要沉迷于你的想象，而去做那些华而不实的用户界面。

有一堆的理由，值得你尽快把软件交到用户手中：只要交到用户手里，你就有了收入，这样就有更好的理由继续为产品投资了。从用户那里得到的反馈，会让我们进一步理解什么是用户真正想要的，以及下一步该实现哪些功能。也许你会发现，一些过去认为重要的功能，现在已经不再重要了——我们都知道市场的变化有多快。尽快发布你的应用，迟了也许它就没有用了。

使用短迭代和增量开发，可以让开发者更加专注于自己的工作。如果别人告诉你有一年的时间来完成系统，你会觉得时间很长。如果目标很遥远，就很难让自己去专注于它。在这个快节奏的社会，我们都希望更快地得到结果，希望更快地见到有形的东西。这不一定是坏事，相反，它会是一件好事，只要把它转化成生产率和正面的反馈。

图4-2描述了敏捷项目主要的周期关系。根据项目的大小，理想的发布周期是几周到几个月。在每个增量开发周期里，应该使用短的迭代（不应该超过两周）。每个迭代都要有演示，选择可能提供反馈的用户，给他们每人一份最新的产品副本。

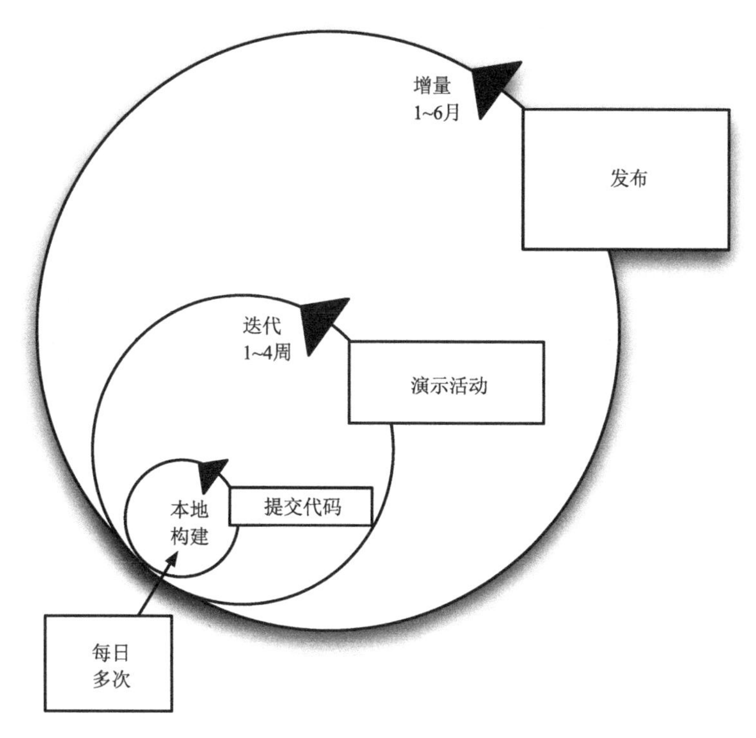

图4-2 嵌套敏捷开发周期

增量开发。发布带有最小却可用功能块的产品。每个增量开发中，使用1～4周左右迭代周期。

切身感受

短迭代让人感觉非常专注且具效率。你能看到一个实际并且确切的目标。严格的最终期限迫使你做出一些艰难的决策，没有遗留下长期悬而未决的问题。

平衡的艺术

- 关于迭代时间长短一直是一个有争议的问题。Andy曾经遇到这样一位客户：他们坚持认为迭代就是4周的时间，因为这是他们学到的。但他们的团队却因为这样的步伐而垂死挣扎，因为他们无法在开发新的代码的同时又要维护很多已经完成了的代码。解决方案是，在每4周的迭代中间安排一周的维护任务。没有规定说迭代必须要紧挨着下一个迭代。
- 如果每个迭代的时间都不够用，要么是任务太大，要么是迭代的时间太短（这是平均数据，不要因为一次迭代的古怪情况而去调整迭代时间）。把握好自己的节奏。
- 如果发布的功能背离了用户的需要，多半是因为迭代的周期太长了。用户的需要、技术和我们对需求的理解，都会随着时间的推移而变化，在项目发布的时候，需要清楚地反映出这些变化。如果你发现自己工作时还带有过时的观点和陈腐的想法，那么很可能你等待太长时间做调整了。
- 增量的发布必须是可用的，并且能为用户提供价值。你怎么知道用户会觉得有价值呢？这当然要去问用户。

18 固定的价格就意味着背叛承诺

“对这个项目，我们必须要有固定的报价。虽然我们还不清楚项目的具体情况，但仍要有一个报价。到星期一，我需要整个团队的评估，并且我们必须要在年末交付整个项目。”

固定价格的合同会是敏捷团队的一大难题。我们一直在谈论如何用持续、迭代和增量的方式工作。但是现在却有些人跑过来，想提早知道它会花费多少时间及多少成本。

从客户方来看，这完全是理所应当的。客户觉得做软件就好比是盖一栋楼房，或者是铺设一个停车场，等等。为什么软件不能像建筑业等其他传统的行业一样呢？

也许它真的与建筑有很多相似之处——真正的建筑行业，但不是我们想象中的建筑业。根据英国1998年的一个研究，由于错误而返工的成本大约占整个项目成本的30%①。这不是因为客户的需求变化，也不是物理定律的变化，而是一些简单错误。比如，横梁太短，窗户洞太大，等等。这些都是简单并且为人熟悉的错误。

软件项目会遭遇各种各样的小错误，还要加上基础需求的变化（不，我要的不是一个工棚，而是一栋摩天大楼），不同个体和团队的能力差别非常巨大（20倍，甚至更多），当然，还会不停地有新技术出现（从现在开始，钉子就变成圆形的了）。

> 固定的价格就是保证要背叛承诺
> A fixed price guarantees a broken promise

软件项目天生就是变化无常的，不可重复。如果要提前给出一个固定的价格，就几乎肯定不能遵守开发上的承诺。那么我们有什么可行的办法呢？我们能做更精确的评估吗？或者商量出另外一种约定。

① *Rethinking Construction: The Report of the Construction Task Force*，1998年1月1日，英国副首相办公室地方政府和地区运输部文件。

根据自己的处境，选择不同的战略。如果你的客户一定要你预先确定项目的报价（比如政府合约），那么可能你需要研究一些重型的评估技术，比如COCOMO模型或者功能点分析法（Function Point analysis）。但它们不属于敏捷方法的范畴，并且使用它们也要付出代价。如果这个项目本质上和另一个项目十分相似，并且是同一个团队开发的，那么你就好办了：为一个用户开发的简单网站，与下一个会非常相似。

但是，很多项目并不像上面所说的那么如意。大部分项目都是业务应用，一个用户和另一个用户都有着巨大的差别。项目的发掘和创造需要很多配合工作。或许你可以提供稍有不同的安排，试试下面的办法。

(1) 主动提议先构建系统最初的、小的和有用的部分（用建筑来打个比方，就是先做一个车库）。挑选一系列小的功能，这样完成第一次交付应该不多于6~8周。向客户解释，这时候还不是要完成所有的功能，而是要足够一次交付，并能让用户真正使用。

(2) 第一个迭代结束时客户有两个选择：可以选择一系列新的功能，继续进入下一个迭代；或者可以取消合同，仅需支付第一个迭代的几周费用，他们要么把现在的成果扔掉，要么找其他的团队来完成它。

(3) 如果他们选择继续前进，那么这时候，应该就能很好地预测下一个迭代工作。在下一个迭代结束的时候，用户仍然有同样的选择机会：要么现在停止，要么继续下一个迭代。

对客户来说，这种方式的好处是项目不可能会死亡。他们可以很早地看到工作的进度（或者不足之处）。他们总是可以控制项目，可以随时停止项目，不需要缴纳任何的违约金。他们可以控制先完成哪些功能，并能精确地知道需要花费多少资金。总而言之，客户会承担更低的风险。

而你所做的就是在进行迭代和增量开发。

基于真实工作的评估。让团队和客户一起，真正地在当前项目中工作，做具体实际的评估。由客户控制他们要的功能和预算。

切身感受

你的评估数据会在整个项目中发生变化——它们不是固定的。但是，你会觉得自信心在不断增加，你会越来越清楚每个迭代可以完成的工作。随着时间的推移，你的评估能力会不断地提高。

平衡的艺术

- 如果你对答案不满意，那么看看你是否可以改变问题。
- 如果你是在一个基于计划的非敏捷环境中工作，那么要么考虑一个基于计划且非敏捷的开发方法，要么换一个不同的环境。
- 如果你在完成第一个迭代开发之前，拒绝做任何评估，也许你会失去这个合同，让位于那些提供了评估的人，无论他们做了多么不切实际的承诺。
- 敏捷不是意味着“开始编码，我们最终会知道何时可以完成”。你仍然需要根据当前的知识和猜想，做一个大致的评估，解释如何才能到达这个目标，并给出误差范围。
- 如果你现在别无选择，你不得不提供一个固定的价格，那么你需要学到真正好的评估技巧。
- 也许你会考虑在合同中确定每个迭代的固定价格，但迭代的数量是可以商量的，它可以根据当前的工作状况进行调整［又名工作条款说明（Statement of Work）］。

第5章 敏捷反馈

一步行动，胜过千万专家的意见。

——Bill Nye，*The Science Guy*科普节目主持人

在敏捷项目中，我们小步前进，不停地收集反馈，时刻矫正自己。但是，这些反馈都是从何而来呢？

在上一章中，我们讨论了与用户一起紧密工作——从他们那里获得反馈，并且采取实际的行动。在本章中，我们主要讨论如何从其他渠道获得反馈。按照Bill Nye的观点，实践是绝对必需的。我们会遵循这一原则，确保你明确知道项目的正确状态，而不是主观臆测。

很多项目都是因为程序代码失控而陷入困境。修复bug导致了更多的bug，从而又导致了更多的bug修复，成堆的测试卡片最后会把项目压垮。这时，我们需要的是经常的监督——频繁反馈以确保代码不会变坏，如果不会更好，至少能像昨天一样继续工作。在第78页，介绍如何让**守护天使**监督你的代码。

但是，这也不能防止你设计的接口或API变得笨重和难用。这时，你就要**先用它再实现它**（从第82页开始介绍）。

当然，并不是说一个单元测试能在你的机器上运行，就意味着它可以在其他机器上运行。从第87页开始，可以看到为什么**不同环境，就有不同问题**。

现在，你拥有了设计良好的API和干净的代码，就可以看看结果是否符合用户的

期望了。你可以通过**自动验收测试**来保证代码是正确的，并且一直都是正确的。我们从第90页开始谈论这个话题。

人人都想清楚了解项目的进度状况，但又很容易误入歧途，要么是被一些难懂的指示器误导，要么就是错误迷信华丽的甘特图、PERT图或者日历工具。其实，你想要的是能**度量真实的进度**，我们会在第93页介绍它。

尽管，我们已经谈论了在开发的时候，与用户一起工作并及时得到用户的反馈，但是在其他的比如产品发布之后的很长一段时间，你还是需要再**倾听用户的声音**，我们会在第96页详细解释。

19 守护天使

"你不必为单元测试花费那么多时间和精力。它只会拖延项目的进度。好歹，你也是一个不错的程序员——单元测试只会浪费时间，我们现在正处于关键时刻。"

代码在快速地变化。每当你手指敲击一下键盘，代码就会被改变。敏捷就是管理变化的，而且，代码可能是变化最频繁的东西。

编写能产生反馈的代码
Coding feedback

为了应对代码的变化，你需要持续获得代码健康状态的反馈：它是在做你期望的事情吗？最近一次修改有没有无意中破坏了什么功能？这时，你就带上守护天使，确保所有功能都能正常工作。要做到这样，就需要自动化单元测试。

现在，一些开发者会对单元测试有意见：毕竟，有"测试"这个词在里面，毫无疑问这应该是其他人的工作。从现在开始，忘掉"测试"这个词。就把它看作是一个极好、编写能产生反馈的代码的技术。

先回顾一下，在过去大部分开发者是如何工作的：你写了一小块代码，然后嵌入一些输出语句，来看一些关键变量的值。你也许是在调试器中或者基于一些桩（stub）程序来运行代码。你手工查看所有的运行结果，来修复发现的所有问题，然后扔掉那些桩代码，或者从调试器中退出，再去解决下一个问题。

敏捷式的单元测试正是采取了相同、相似的过程，并且还让其更上一层楼。不用扔掉桩程序，你把它保存下来，还要让其可以自动化地持续运行。你编写代码来检查具体值，而不是手工检查那些感兴趣的变量。

用代码来测试变量的具体值（以及跟踪运行了多少个测试），已经是非常普遍的做法。你可以选择一个标准的测试框架，来帮助你完成简单的编写和组织测试的工作，如Java的JUnit、C#或.NET的NUnit、测试Web Service的HttpUnit，等等。实际上，对任何你可以想象到的环境和语言都有对应的单元测试框架，其中的大部分都可以从http://xprogramming.com/software.htm上的列表中找到。

清楚自己要测试的内容

读者David Bock告诉了我们下面这个故事：

“我最近在设计一个特大项目中的一个功能模块，把构建工具从Ant迁移到Maven。这是在产品中已使用的、没有任何问题的及经过良好测试的代码。我不停地工作，一直到深夜，一切都在控制之中。我修改了一部分构建过程，忽然得到了单元测试失败的警告。我花了很多时间，来查找为什么修改的代码会导致测试失败。最后我放弃了，回滚了修改的代码，但测试仍然失败。我开始研究测试代码，才发现失败的原因是，测试依赖一个计算次数的工具，而且它还返回一个日期实例，日期设置为第二天中午。我又看了看测试，发现它居然记下了测试执行的时间，并将其作为参数传递给另外一个测试。这个方法有个愚蠢的差一错误（off-by-one），如果你是在夜里11点到12点间调用这个方法，它真正的返回值仍然是当天中午，而不是明天。”

从上面的故事中，我们学到了很重要的一课。

- 确保测试是可重复的。使用当前的日期或者时间作为参数，会让测试依赖运行时间，使用你自己机器上的IP地址同样会让它依赖运行时的机器，等等。
- 测试你的边界条件。11:59:59和0:00:00都是不错的日期测试边界条件。
- 不要放过任何一个失败的测试。在前面的案例中，一个测试一直失败了，但是因为一段时间内每天都会有几十个测试失败，没有人会注意到这个伪随机失败。

只要有了单元测试，就要让它们自动运行。也就是每次编译或者构建代码的时候，就运行一次测试。把单元测试的结果看作是和编译器一样——如果测试没有通过（或者没有测试），那就像编译没有通过一样糟糕。

接下来就是在后台架设一个**构建机器**，不断获得最新版本的源代码，然后编译代码，并运行单元测试，如果有任何错误它会让你及时知道。

结合本地单元测试，运行每个编译，构建机器不断编译和运行单元测试，这样你就拥有了一个守护天使。如果出现了问题，你会立刻知道，并且这是最容易修复（也是成本最低）的时候。

一旦单元测试到位，采用这样的回归测试，你就可以随意重构代码。可以根据需要进行实验、重新设计或者重写代码：单元测试会确保你不会意外地破坏任何功能。这会让你心情舒畅，你不用每次写代码的时候都如履薄冰。

单元测试是最受欢迎者的一种敏捷实践，有很多图书和其他资料可以帮你起步。如果你是一个新手，建议阅读《单元测试之道》（有Java[HT03]和C# [HT04]版本）。如果要进一步了解测试的一些窍门，可以看一下*JUnit Recipes*[Rai04]。

如果想要自动化地连接单元测试（和其他一些有用的东西），可以阅读《项目自动化之道》[Cla04]。尽管它主要是关于Java的，但也有类似的可以用于.NET环境或者其他环境的工具。

如果你仍然在寻找开始单元测试的理由，下面有很多。

- **单元测试能及时提供反馈**。你的代码会重复得到锻炼。但若修改或者重写了代码，测试用例就会检查你是否破坏了已有的功能。你可以快速得到反馈，并很容易地修复它们。
- **单元测试让你的代码更加健壮**。测试帮助你全面思考代码的行为，帮你练习正面、反面以及异常情况。
- **单元测试是有用的设计工具**。正如我们在实践20中谈论到的，单元测试有助于实现简单的、注重实效的设计。
- **单元测试是让你自信的后台**。你测试代码，了解它在各种不同条件下的行为。这会让你在面对新的任务、时间紧迫的巨大压力之下，找到自信。
- **单元测试是解决问题时的探测器**。单元测试就像是测试印制电路板的示波镜。当问题出现的时候，你可以快速地给代码发送一个脉冲信号。这为你提供了一个很自然的发现和解决问题的方法（见习惯35，第136页）。
- **单元测试是可信的文档**。当你开始学习新API的时候，它的单元测试是最精确和可靠的文档。
- **单元测试是学习工具**。在你开始学习新API的时候，可以为这个API写个单元测试，从而加深自己的理解。这些学习用的测试，不仅能帮助你理解API的行为，还能帮助你快速找到以后可能引入的、无法与现有代码兼容的变化。

使用自动化的单元测试。好的单元测试能够为你的代码问题提供及时的警报。如果没有到位的单元测试，不要进行任何设计和代码修改。

切身感受

你依赖于单元测试。如果代码没有测试，你会觉得很不舒服，就像是在高空作业没有系安全带一样。

平衡的艺术

- 单元测试是优质股，值得投资。但一些简单的属性访问方法或者价值不大的方法，是不值得花费时间进行测试的。
- 人们不编写单元测试的很多借口都是因为代码中的设计缺陷。通常，抗议越强烈，就说明设计越糟糕。
- 单元测试只有在达到一定测试覆盖率的时候，才能真正地发挥作用。你可以使用一些测试覆盖率工具，大致了解自己的单元测试的覆盖情况。
- 不是测试越多质量就会越高，测试必须要有效。如果测试无法发现任何问题，也许它们就是没有测试对路。

先用它再实现它

“前进，先完成所有的库代码。后面会有大量时间看用户是如何思考的。现在只要把代码扔过墙去就可以了，我保证它没有问题。”

很多成功的公司都是靠着“吃自己的狗食”活着。也就是说，如果要让你的产品尽可能地好，自己先要积极地使用它。

幸运的是，我们不是在做狗食业务。但是，我们的业务是要创造出能调用的API和可以使用的接口。这就是说，你在说服其他人使用它之前，先得让自己切实地使用这些接口。事实上，在你刚做完设计但还没有完成后面的实现的时候，应该使用它。这个可行吗？

使用被称为TDD（Test Driven Development，测试驱动开发）的技术，你总是在有一个失败的单元测试后才开始编码。测试总是先编写。通常，测试失败要么是因为测试的方法不存在，要么是因为方法的逻辑还不足以让测试通过。

> **编码之前，先写测试**
> **Write tests before writing code**

先写测试，你就会站在代码用户的角度来思考，而不仅仅是一个单纯的实现者。这样做是有很大区别的，你会发现因为你自己要使用它们，所以能设计一个更有用、更一致的接口。

除此之外，先写测试有助于消除过度复杂的设计，让你可以专注于真正需要完成的工作。看看下面编程的例子，这是一个可以两人玩的“井字棋游戏”。

开始，你会思考如何为这个游戏做代码设计。你也许会考虑需要这些类，例如：`TicTacToeBoard`、`Cell`、`Row`、`Column`、`Player`、`User`、`Peg`、`Score`和`Rules`。咱们从`TicTacToeBoard`类开始，它就代表了井字棋本身（从游戏的核心逻辑而不是UI角度说）。

这可能是`TicTacToeBoard`类的第一个测试，是用C#在NUnit测试框架下编写的。

它创造了一个游戏面板，用断言来检查游戏没有结束。

```
[TestFixture]
public class TicTacToeTest
{
  private TicTacToeBoard board;
  [SetUp]
  public void CreateBoard()
  {
    board = new TicTacToeBoard();
  }
  [Test]
  public void TestCreateBoard()
  {
    Assert.IsNotNull(board);
    Assert.IsFalse(board.GameOver);
  }
}
```

测试失败，因为类TicTacToeBoard还不存在，你会得到一个编译错误。如果它通过了，你一定很惊讶，不是吗？这也可能会发生，只是概率很小，但确实可能会发生。在测试通过之前，先要确保测试是失败的，目的是希望暴露出测试中潜在的bug。下面我们来实现这个类。

```
public class TicTacToeBoard {
  public bool GameOver {
    get {
      return false;
    }
  }
}
```

在属性GameOver中，我们现在只返回false。一般情况下，你会用必要的最少代码让测试通过。从某种角度上说，这就是在欺骗测试——你知道代码还没有完成。但是没有关系，后面的测试会迫使你再返回来，继续添加功能。

下一步是什么呢？首先，你必须决定谁先开始走第一步棋，我们就要设第一个比赛者。先为第一个比赛者写一个测试。

```
[Test]
public void TestSetFirstPlayer() {
                    // what should go here?
}
```

这时，测试会迫使你做一个决定。在完成它之前，你必须决定如何在代码中表示比赛者，如何把它们分配到面板上。这里有一个主意。

```
board.SetFirstPlayer(new Player("Mark"), "X");
```

这会告诉面板，游戏玩家Mark使用*X*。

这样做当然可以，你真的需要Player这个类，或者第一个玩家的名字吗？也许，稍后你需要知道谁是赢家。但现在它还不是问题。YANGI[①]（你可能永远都不需要它）原则说过，如果不是真正需要它的时候，你就不应该实现这个功能。基于这一点，现在还没有足够的理由表示你需要Player这个类。

别忘了，我们还没有实现TicTacToeBoard类中的SetFirstPlayer()方法，并且还没有写Player这个类。我们仍然是先写一个测试。我们假设下面的代码是用来设置第一个玩家的。

```
board.SetFirstPlayer("X");
```

它表示设*X*为第一个玩家，比第一个版本要更简单。但是，这个版本隐藏着风险：你可以传任何字母给SetFirstPlayer()方法，这就意味着你必须添加代码来检查参数是*O*还是*X*，并且需要知道如果它不是这两个值的时候该如何处理。因此要更进一步简单化。我们有一个简单的标志来标明第一个玩家是*O*还是*X*。知道了这个，我们现在就可以写单元测试了。

```
[Test]
public void TestSetFirstPlayer() {
  board.FirstPlayerPegIsX = true;
  Assert.IsTrue(board.FirstPlayerPegIsX);
}
```

我们可以将FirstPlayerPegIsX设为布尔类型的属性，并把它设为期望的值。这看起来挺简单的，也容易使用，比复杂的Player类容易很多。测试写好了，你就可以通过在TicTacToeBoard类中实现FirstPlayerPegIsX属性，让测试通过。

你看，我们是以Player类开始，最后却只使用了简单的布尔类型属性。这是如何做到的呢？这种简化就是在编写代码之前让测试优先实现的。

---

① Ron Jeffries创造的词，它是You Aren't Gonna Need It的缩写。

但记住，我们不是要扔掉好的设计，就只用大量的布尔类型来编码所有的东西。这里的重点是：什么是成功地实现特定功能的最低成本。总之，程序员很容易走向另一个极端——一些不必要的过于复杂的事情——测试优先会帮助我们，防止我们走偏。

消除那些还没有编写的类，这会很容易地简化代码。相反，一旦你已经编写了代码，也许会强迫自己保留这些代码，并继续使用它（即使代码已经过期作废很久了）。

当你开发设计面向对象系统的时候，可能会迫使自己使用对象。有一种倾向认为，面向对象的系统应该由对象组成，我们迫使自己创建越来越多的对象类，不管它们是否真的需要。添加无用代码总是不好的想法。

好的设计并不意味着需要更多的类
Good design doesn't mean more classes

TDD有机会让你编写代码之前（或者至少在深入到实现之前），可以深思熟虑将如何用它。这会迫使你去思考它的可用性和便利性，并让你的设计更加注重实效。

当然，设计不是在开始编码的时候就结束了。你需要在它的生命周期中持续地添加测试，添加代码，并重新设计代码（更多信息参阅第113页习惯28）。

先用它再实现它。将TDD作为设计工具，它会为你带来更简单更有实效的设计。

切身感受

这种感觉就是，只在有具体理由的时候才开始编码。你可以专注于设计接口，而不会被很多实现的细节干扰。

平衡的艺术

- 不要把测试优先和提交代码之前的测试等同起来。测试先行可以帮助你改进设计，但是你还是需要在提交代码之前做测试。

- 任何一个设计都可以被改进。
- 你在验证一个想法或者设计一个原型的时候，单元测试也许并不适合。但是，万一这些代码不幸仓促演变成了一个真正的系统，就必须要为它们添加测试（但是最好能重新开始设计系统）。
- 单纯的单元测试无法保证好的设计，但它们会对设计有帮助，会让设计更加简单。

21 不同环境，就有不同问题

“只要代码能在你的机器上运行就可以了，谁会去关心它是否可以在其他平台上工作。你又不用其他平台。”

如果厂商或者同事说了这样的套话：“哦，那不会有什么不同。”你可以打赌，他们错了。只要环境不同，就很可能会有不同的问题。

Venkat真正在项目中学到了这一课。他的一个同事抱怨说，Venkat的代码失败了。但奇怪的是，问题在于，这与在Venkat机器上通过的一个测试用例一模一样。实际上，它在一台机器上可以工作，在另一台机器上就不工作。

最后，他们终于找到了罪魁祸首：一个.NET环境下的API在Windows XP和Windows 2003[①]上的行为不同。平台的不同，造成了结果的不一样。

他们算是幸运的，能够偶然发现这个问题。否则，很可能在产品投入使用的时候才会发现。如果很晚才发现这个问题，成本会非常昂贵——想象一下产品发布之后，才发现它并不支持应该支持的平台，那会怎么样。

也许，你会要求测试团队在所有支持的平台上进行测试。如果他们是手工进行测试，可能并不是最可靠的测试办法。我们需要更加面向开发者的测试办法。

你已经编写了单元测试，测试你的代码。每次在修改或者重构代码的时候，在提交代码之前，你会运行测试用例。那么现在所要做的就是在各种支持的平台和环境中运行这些测试用例。

如果你的应用程序要在不同的操作系统上运行（例如MacOS、Linux、Windows等），或者一个操作系统的不同版本（例如Windows 2000、Windows XP、Windows 2003等），你需要测试所有的操作系统。如果你的应用程序要在不同版本的Java虚拟机或者不同的.NET CLR中运行，你也需要测试它们。

① 参见*.NET Gotchas*中的Gotcha #74[Sub05]。

Andy如是说……

但是它在我的机器上可以工作

曾经有这样一个客户，他需要提高他们的OS/2系统性能。于是一个莽撞的开发人员打算用汇编从头开始重写OS/2的调度程序。

从某种程度上说，事实上它是可以工作的。它在最初的开发人员的机器上工作得非常好，但是在其他人的机器上就不能用。他们甚至尝试了从同一个厂商那里购买硬件，安装相同版本的操作系统、数据库和其他的工具，但都徒劳无功。

他们甚至尝试在每天的同一个时间，以同一个方向面朝机器，宰鸡向众神祭祀，希望能有好运（呵呵，这是我杜撰的，但其他都是真实的）。

团队最终只好放弃了这个方案。与没有文档的内部操作系统纠缠在一起，绝对是非常脆弱的。这不是敏捷的做法。

使用自动化会节省时间
Automate to save time

但是，也许你已经有时间压力了，因此，你怎么可能有时间在多个平台上运行测试呢？这就要靠持续集成[①]来拯救了。

我们在前面的*保持可以发布*中学过，用一个持续集成工具，周期性地从源代码控制系统中取得代码，并运行代码。如果有任何测试失败了，它会通知相关的开发者。通知方式可能是电子邮件、页面、RSS Feed，或者其他一些新颖的方式。

要在多个平台上测试，你只要为每个平台设置持续集成系统就行了。当你或者同事提交了代码，测试会在每个平台上自动运行。这样，提交代码之后的几分钟，你就可以知道它是否可以在不同的平台上运行！这是多么英明的办法呀！

构建机器的硬件成本相当于开发人员的几个小时而已。如果需要，你甚至可以使用像VMware或Virtual PC这样的虚拟机产品，在一台机器上运行不同版本的操作系统、VM或CLR。

---

① 阅读Martin Fowler写的一篇重要的文章*Continuous Integration*，http://www.martinfowler.com/articles/continuousIntegration.html。

不同环境，就有不同问题。使用持续集成工具，在每一种支持的平台和环境中运行单元测试。要积极地寻找问题，而不是等问题来找你。

切身感受

感觉就像是在做单元测试，非但如此，而且还是跨越不同的世界的单元测试。

平衡的艺术

- 硬件比开发人员的时间便宜。但如果你有很多配置，要支持大量的平台，可以选择哪些平台需要内部测试。
- 软件在很多平台上出现bug很可能只是因为栈布局的差异、机器字大小端的不同所致。因此，即使用Solaris的客户比用Linux的少很多，你也仍然要在两个系统上都进行测试。
- 你不希望因为一个错误而收到5次通知轰炸（这就像是双重征税，会导致电子邮件疲劳症）。可以设置一个主构建平台或者配置，降低其他构建服务器的运行频率，这样在它失败的时候，你就有足够的时间来修复主构建平台。或者汇总所有错误报告信息到一个地方，进行统一处理。

自动验收测试

“很好，你现在用单元测试来验证代码是否完成了你期望的行为。发给客户吧。我们很快会知道这是否是用户期望的功能。”

你与用户一起工作，开发他们想要的功能。但现在，你要能确保他们得到的数据是正确的，至少在用户看来它是正确的。

几年前，Andy做了一个项目。在项目中，他们的行业标准规定凌晨12:00点是一天的最后一分钟，12:01是一天最早一分钟（一般情况下，商业计算机系统认为凌晨11:59是一天的最后一分钟，12:00是一天最早一分钟）。在验收测试的时候，这个很小的细节导致一个严重的问题——无法进行正确的合计。

关键业务逻辑必须要独立进行严格的测试，并且最后需要通过用户的审批。

但你也不可能拉着用户，逐一检查每个单元测试的运行结果。实际上，你需要能自动比较用户期望和实际完成的工作。

有一个办法可以使验收测试不同于单元测试。你应该让用户在不必学习编码的情况下，根据自己的需要进行添加、更新和修改数据。你有很多方法来实现它。

Andy使用了一些架构，把测试数据放到一个平面文件中，并且用户可以直接修改这些数据。Venkat使用Excel做过类似的事情。根据环境的不同，也可以找出一种能让用户自然接收的方法（数据可以在平面文件、Excel文件、数据库中）。或者可以考虑选择一个现成的测试工具，它们会为你完成很多功能。

FIT[1]，即集成测试框架，它很实用，可以更容易地使用HTML表格定义测试用例，并比较测试结果数据。

① http://fit.c2.com。

Venkat如是说……

获取验收数据

一个客户以前使用过Excel开发的定价模型。我们就通过写测试，比较应用的价格输出结果是否与Excel的一致，然后，必要的话，纠正应用中的逻辑和公式。这样用户可以简单地修改验收测试标准，定价相关的关键业务逻辑是正确的，每个人对项目都很有信心。

使用FIT，客户可以定义带有新功能的使用样本。客户、测试人员和开发人员（根据样本）都可以创建表格，为代码描述可能的输入和输出值。开发人员会参照带有正开发的代码结果的FIT表格中的样本编写测试代码。测试结果成功或者失败，都会显示在HTML页面中，用户可以很方便地查阅。

如果领域专家提供了业务的算法、运算或者方程式，为他们实现一套可以独立运行的测试（参见第136页习惯35）。要让这些测试都成为测试套件的一部分，你会在项目生命周期中确保持续为它们提供正确的答案。

为核心的业务逻辑创建测试。让你的客户单独验证这些测试，要让它们像一般的测试一样可以自动运行。

切身感受

它像是协作完成的单元测试：你仍然是在编写测试，但从其他人那里获得答案。

平衡的艺术

- 不是所有客户都能给你提供正确的数据。如果他们已经有了正确的数据，就根本不需要新系统了。

- 你也许会在旧系统（也许是电脑系统，也许是人工系统）中发现以前根本不知道的bug，或者以前不存在的真正问题。
- 使用客户的业务逻辑，但是不要陷入无边无际的文档写作之中。

23 度量真实的进度

“用自己的时间表报告工作进度。我们会用它做项目计划。不用管那些实际的工作时间，每周填满40小时就可以了。”

时间的消逝（通常很快）可以证明：判断工作进度最好是看实际花费的时间而不是估计的时间。

哦，你说早已经用时间表进行了追踪。不幸的是，几乎所有公司的时间表都是为工资会计准备的，不是用来度量软件项目的开发进度的。例如，如果你工作了60个小时，也许你的老板会让你在时间表上只填写40个小时，这是公司会计想看到的。所以，时间表很难真实地反映工作完成状况，因此它不可以用来进行项目计划、评估或表现评估。

> 专注于你的方向
> Focus on where you're going

即使没有时间表，一些开发人员还是很难面对现实了解自己的真实进度。你曾经听到开发人员报告一个任务完成了80%吗？然而过了一天又一天，一周又一周，那个任务仍然是完成了80%？随意用一个比率进行度量是没有意义的，这就好比是说80%是**对的**（除非你是政客，否则**对**和**错**应该是布尔条件）。所以，我们不应该去计算工作量完成的百分比，而应该测定还剩下多少工作量没有完成。如果你最初估计这个任务需要40个小时，在开发了35个小时之后，你认为还需要另外30个小时的工作。那就得到了很重要的度量结果（这里诚实非常重要，隐瞒真相毫无意义）。

在你最后真正完成一项任务时，要清楚知道完成这个任务*真正*花费的时间。奇怪的是，它花费的时间很可能要比最初估计时间长。没有关系，我们希望这能作为下一次的参考。在为下一个任务估计工作量时，可以根据这次经验调整评估。如果你低估了一个任务，评估是2天，它最后花费了6天，那么系数就是3。除非是异常情况，否则你应该对下次估计乘以系数3。你的评估会波动一段时间，有时候过低估计，有时候过高估计。但随着时间的推移，你的评估会与事实接近，你也会对任务所花费的时间有更清楚的认识。

Andy如是说……

登记时间

我的小姨子曾经在某个大型国际咨询公司中工作。每天每隔6分钟她们就得登记她们的时间。

她们甚至有代码来专门记录填表登记时间所花费的时间。这个代码不是0、9999或者一些容易记的代码，而是类似948247401299-44b这么一个临时的代码。

这就是为什么你不愿意把会计部门的规则和约束掺合到项目中的原因。

如果能一直让下一步工作是可见的，会有助于进度度量。最好的做法就是使用待办事项（backlog）。

待办事项就是等待完成的任务列表。当一个任务被完成了，它就会从列表中移除（逻辑上的，而物理上就是把它从列表中划掉，或者标识它是完成的状态）。当添加新任务的时候，先排列它们的优先级，然后加入到待办事项中。你也可以有个人的待办事项、当前迭代的待办事项或者整个项目的待办事项。①

通过代办事项，就可以随时知道下一步最重要的任务是什么。同时，你的评估技巧也在不停地改进，你也会越来越清楚完成一项任务要花费的时间。

清楚项目的真实进度，是一项强大的技术。

度量剩下的工作量。不要用不恰当的度量来欺骗自己或者团队。要评估那些需要完成的待办事项。

① 使用待办事项及个人与项目管理工具的列表的更多信息，参考*Ship It!*[RG03]。

Scrum方法中的sprint

在Scrum开发方法中（Sch04），每个迭代被称作sprint，通常为30天时间。sprint的待办事项列表是当前迭代任务列表，它会评估剩下的工作量，显示每个任务还需要多少小时可以完成。

每个工作日，每个团队成员会重新评估完成一个任务还需要多少小时。不管怎么样，只要所有任务的评估总和超过了一个迭代剩余的时间，那么任务就必须移到下一个迭代中开发。

如果每月还有一些剩余的时间，你还可以添加新的任务。这样做，客户一定会非常喜欢。

切身感受

你会觉得很舒服，因为你很清楚哪些任务已经完成，哪些是没有完成的，以及它们的优先级。

平衡的艺术

- 6分钟作为一个时间单位，它的粒度实在太细了，这不是敏捷的做法。
- 一周或者一个月的时间单元，它的粒度太粗了，这也不是敏捷的做法。
- 关注功能，而不是日程表。
- 如果你在一个项目中花费了很多时间来了解你所花费的时间，而没有足够的时间进行工作，那么你在了解你所花费的时间上花费的时间就太多了。听懂了吗？
- 一周工作40个小时，不是说你就有40个小时的编码时间。你需要减去会议、电话、电子邮件以及其他相关活动的时间。

倾听用户的声音

"用户就是会抱怨。这不是你的过错，是用户太愚蠢了，连使用手册都看不懂。它不是一个bug，只是用户不明白如何使用而已。他们本应该知道更多。"

Andy曾经在一家大公司工作过，为高端的Unix工作站开发产品。在这个环境中，你不是简单地运行`setup.exe`文件或者pkgadd命令，就可以完成软件的安装。你必须在工作站上复制文件并调整各种设置。

Andy和他的团队成员们觉得一切都工作得很顺利。直到一天，Andy走过技术支持部门的工作间，听到一个技术支持工程师对着电话大笑："哦，这不是bug，你只是犯了一个*每*个人都会犯的错误。"并且，不只是这一个工程师，整个部门都在嘲笑这些可怜、天真和愚蠢的客户。

> 这是一个bug
> It is a bug

倒霉的客户必须要配置那些包含了一些魔术数字的模糊系统文件，否则系统根本不会运行。系统既没有错误提示消息，也不会崩溃，只是显示大黑屏和一个斗大的"退出"按钮。事实上，安装说明书中有一行提到了这样的问题，但显然80%的用户忽略了这个信息，因此只能求助公司的技术支持部门，并遭到他们的嘲笑。

正如我们在第128页第7章中所说，当出了错误，你要尽可能地提供详细信息。黑屏和含义不明的"退出"按钮是很不友好的行为。更糟糕的是，在得到用户反馈的时候，还嘲笑用户愚蠢，而不去真正地解决问题。

不管它是否是产品的bug，还是文档的bug，或者是对用户社区理解的bug，它都是团队的问题，而不是用户的问题。

下面一个案例是，有个昂贵的制造车间的控制系统，没有任何一个用户会使用。因为，使用系统的第一步是要输入用户名和密码，进行登录。但这个车间的大部分工人都是文盲，没有人去问过他们，也没有去收集他们的反馈。就这样，为用户安装了一个无用的系统。最后，花费巨大的费用，开发人员重新开发了一个基于图片的使用界面。

我们花费了很大的精力从单元测试之类的代码中获得反馈，但却容易忽略最终用户的反馈。你不仅需要和真实用户（不是他们的经理，也不是业务分析师之类的代理人）进行交谈，还需要耐心地倾听。

即使他们说的内容很傻！

每一个抱怨的背后都隐藏了一个事实。找出真相，修复真正的问题。

切身感受

对客户的那些愚蠢抱怨，你既不会生气，也不会轻视。你会查看一下，找出背后真正的问题。

平衡的艺术

- 没有愚蠢的用户。
- 只有愚蠢、自大的开发人员。
- “它就是这样的。”这不是一个好的答案。
- 如果代码问题解决不了，也许可以考虑通过修改文档或者培训来弥补。
- 你的用户有可能会阅读所有的文档，记住其中的所有内容。但也可能不会。

第 6 章

敏捷编码

任何一个笨蛋都能够让事情变得越来越笨重、越来越复杂、越来越极端。需要天才的指点以及许多的勇气，才能让事情向相反的方向发展。

——John Dryden[1]，书信集10：致Congreve

新项目刚开始着手开发时，它的代码很容易理解和上手。然而，随着开发过程的推进，项目不知不觉中演变为一个庞然怪物。发展到最后，往往需要投入更多的精力、人力和物力来让它继续下去。

开始看起来非常正常的项目，是什么让它最终变得难以掌控？开发人员在完成任务时，可能会难以抵挡诱惑为节省时间而走“捷径”。然而，这些“捷径”往往只会推迟问题的爆发时间，而不是把它彻底解决掉（如同第15页习惯2中的情况一样）。当项目时间上的压力增加时，问题最终还是会在项目团队面前出现，让大家心烦意乱。

如何保证项目开发过程中压力正常，而不是在后期面对过多的压力，以致噩梦连连呢？最简单的方式，就是在开发过程中便细心“照看”代码。在编写代码时，每天付出一点小的努力，可以避免代码“腐烂”，并且保证应用程序不至变得难以理解和维护。

开发人员使用本章的实践习惯，可以保证开发出的代码无论是在项目进行中还是在项目完成后，都易于理解、扩展和维护。这些习惯会帮助你对代码进行“健康

① John Dryden（1631—1700），英国第一位受封的“桂冠诗人”，英国古典主义时期重要的批评家和戏剧家，英国古典主义代表人物之一。——译者注

检查”，以防止它们变成庞然怪物。

首先，第100页中的习惯是：**代码要清晰地表达意图**。这样的代码清晰易懂，仅凭小聪明写出的程序很难维护。注释可以帮助理解，也可能导致不好的干扰，应该总是**用代码沟通**（见第105页）。在工程项目中没有免费的午餐，开发人员必须判断哪些东西更加重要，每个决策会造成什么后果，也就是说要**动态评估取舍**（见第110页）以得到最佳的决策。

项目是以增量式方式进行开发的，写程序时也应该进行**增量式编程**（见第113页）。在编写代码的时候，要想**保持简单**很难做到——实际上，想写出简单的代码要远比写出令人厌恶的、过分复杂的代码难得多。不过这样做绝对值得，见第115页。

我们将在第117页谈到，良好的面向对象设计原则建议：应该**编写内聚的代码**。要保持代码条理清晰，应该遵循如第121页上所述的习惯：**告知，不要询问**。最后，通过设计能够**根据契约进行替换**的系统（见124页），可以在不确定的未来中保持代码的灵活性。

25 代码要清晰地表达意图

"可以工作而且易于理解的代码当然好，但是让人觉得聪明更加重要。别人给你钱是因为你脑子好使，让我们看看你到底有多聪明。"

Hoare谈软件设计

设计软件有两种方式。一种是设计得尽量简单，并且明显没有缺陷。另一种方式是设计得尽量复杂，并且没有明显的缺陷。

——C.A.R. Hoare①

我们大概都见过不少难以理解和维护的代码，而且（最坏的是）还有错误。当开发人员们像一群旁观者见到UFO一样围在代码四周，同样也感到恐惧、困惑与无助时，这个代码的质量就可想而知了。如果没有人理解一段代码的工作方式，那这段代码还有什么用呢？

开发代码时，应该更注重可读性，而不是只图自己方便。代码阅读的次数要远远超过编写的次数，所以在编写的时候值得花点功夫让它读起来更加简单。实际上，从衡量标准上来看，代码清晰程度的优先级应该排在执行效率之前。

例如，如果默认参数或可选参数会影响代码可读性，使其更难以理解和调试，那最好明确地指明参数，而不是在以后让人觉得迷惑。

在改动代码以修复bug或者添加新功能时，应该有条不紊地进行。首先，应该理解代码做了什么，它是如何做的。接下来，搞清楚将要改变哪些部分，然后着手修改并进行测试。作为第1步的理解代码，往往是最难的。如果别人给你的代码很容易理解，接下来的工作就省心多了。要敬重这个黄金法则②，你欠他们一份情，因此也要让你自己的代码简单、便于阅读。

明白地告诉阅读程序的人，代码都做了什么，这是让其便于理解的一种方式。让

① Hoare，全名Charles Antony Richard Hoare，简称C.A.R. Hoare，生于1934年1月11日，英国计算机科学家，发明了排序算法中的"快速排序"算法。图灵奖得主。——译者注

② 黄金法则（Golden Rule），起源于《圣经》（太7:12）："无论何事，你们愿意人怎样待你们，你们也要怎样待人。"

——编者注

我们看一些例子。

```
coffeeShop.PlaceOrder(2);
```

通过阅读上面的代码，可以大致明白这是要在咖啡店中下一个订单。但是，2到底是什么意思？是意味着要两杯咖啡？要再加两次？还是杯子的大小？要想搞清楚，唯一的方式就是去看方法定义或者文档，因为这段代码没有做到清晰易懂。

所以我们不妨添加一些注释。

```
coffeeShop.PlaceOrder(2 /* large cup */);
```

现在看起来好一点了，不过请注意，注释有时候是为了帮写得不好的代码补漏（见第105页习惯26：**用代码沟通**）。

Java 5与.NET中有枚举值的概念，我们不妨使用一下。使用C#，我们可以定义一个名为`CoffeeCupSize`的枚举，如下所示。

```
public enum CoffeeCupSize
{
  Small,
  Medium,
  Large
}
```

接下来就可以用它来下单要咖啡了。

```
coffeeShop.PlaceOrder(CoffeeCupSize.Large);
```

这段代码就很明白了，我们是要一个大杯[①]的咖啡。

作为一个开发者，应该时常提醒自己是否有办法让写出的代码更容易理解。下面是另一个例子。

```
Line 1  public int compute(int val)
     -  {
     -    int result = val << 1;
     -    //... more code ...
     5    return result;
     -  }
```

① 对星巴克的粉丝来说，这是指*venti*。

第3行中的移位操作符是用来干什么的？如果善于进行位运算，或者熟悉逻辑设计或汇编编程，就会明白我们所做的只是把val的值乘以2。

PIE[①]原则

代码必须明确说出你的意图，而且必须富有表达力。这样可以让代码更易于被别人阅读和理解。代码不让人迷惑，也就减少了发生潜在错误的可能。一言以蔽之，代码应意图清晰，表达明确。

但对没有类似背景的人们来说，又会如何——他们能明白吗？也许团队中有一些刚刚转行做开发、没有太多经验的成员。他们会挠头不已，直到把头发抓下来[②]。代码执行效率也许很高，但是缺少明确的意图和表现力。

用移位做乘法，是在对代码进行不必要且危险的性能优化。result=val*2看起来更加清晰，也可以达到目的，而且对于某种给定的编译器来说，可能效率更高（**懂得丢弃**，见第34页习惯7）。不要表现得好像很聪明似的，要遵循PIE原则：代码要清晰地表达意图。

要是违反了PIE原则，造成的问题可就不只是代码可读性那么简单了——它会影响到代码的正确性。下列代码是一个C#方法，试图同步对CoffeeMaker中MakeCoffee()方法进行调用。

```
public void MakeCoffee()
{
  lock(this)
  {
    // ... operation
  }
}
```

这个方法的作者想设置一个临界区（critical section）——任何时候最多只能有一个线程来执行操作中的代码。要达到这个目的，作者在CoffeeMaker实例中声明了一个锁。一个线程只有获得这个锁，才能执行这个方法。（在Java中，会使用

① PIE=Program Intently and Expressively，即意图清楚而且表达明确地编程。——编者注

② 没错，那不是一块秃顶，而是一个编程机器的太阳能电池板。

synchronized而不是lock，不过想法是一样的。）

对于Java或.NET程序员来说，这样写顺理成章，但是其中有两个小问题。首先，锁的使用影响范围过大；其次，对一个全局可见的对象使用了锁。我们进一步来看看这两个问题。

假设CoffeeMaker同时可以提供热水，因为有些人希望早上能够享用一点伯爵红茶。我想同步GetWater()方法，因此调用其中的lock(this)。这会同步任何在CoffeeMaker上使用lock的代码，也就意味着不能同时制作咖啡以及获取热水。这是开发者原本的意图吗？还是锁的影响范围太大了？通过阅读代码并不能明白这一点，使用代码的人也就迷惑不已了。

同时，MakeCoffee()方法的实现在CoffeeMaker对象上声明了一个锁，而应用的其他部分都可以访问CoffeeMaker对象。如果在一个线程中锁定了CoffeeMaker对象实例，然后在另外一个线程中调用那个实例之上的MakeCoffee()方法呢？最好的状况也会执行效率很差，最坏的状况会带来死锁。

让我们在这段代码上应用PIE原则，通过修改让它变得更加明确吧。我们不希望同时有两个或更多的线程来执行MakeCoffee()方法。那为什么不能为这个目的创建一个对象并锁定它呢？

```
private object makeCoffeeLock = new Object();

public void MakeCoffee()
{
  lock(makeCoffeeLock)
  {
    // ... operation
  }
}
```

这段代码解决了上面的两个问题——我们通过指定一个外部对象来进行同步操作，而且更加明确地表达了意图。

在编写代码时，应该使用语言特性来提升表现力。使用方法名来传达意向，对方法参数的命名要帮助读者理解背后的想法。异常传达的信息是哪些可能会出问题，以及如何进行防御式编程，要正确地使用和命名异常。好的编码规范可以让代码变得易于理解，同时减少不必要的注释和文档。

要编写清晰的而不是讨巧的代码。向代码阅读者明确表明你的意图。可读性差的代码一点都不聪明。

切身感受

应该让自己或团队的其他任何人，可以读懂自己一年前写的代码，而且只读一遍就知道它的运行机制。

平衡的艺术

- 现在对你显而易见的事情，对别人可能并非如此，对于一年以后的你来说，也不一定显而易见。不妨将代码视作不知道会在未来何时打开的一个时间胶囊。
- 不要明日复明日。如果现在不做的话，以后你也不会做的。
- 有意图的编程并不是意味着创建更多的类或者类型。这不是进行过分抽象的理由。
- 使用符合当时情形的耦合。例如，通过散列表进行松耦合，这种方式适用于在实际状况中就是松耦合的组件。不要使用散列表存储紧密耦合的组件，因为这样没有明确表示出你的意图。

26 用代码沟通

“如果代码太杂乱以至于无法阅读，就应该使用注释来说明。精确地解释代码做了什么，每行代码都要加注释。不用管为什么要这样编码，只要告诉我们到底是怎么做的就好了。”

通常程序员都很讨厌写文档。这是因为大部分文档都与代码没有关系，并且越来越难以保证其符合目前的最新状况。这不只违反了DRY原则（不要重复你自己，Don't Repeat Yourself，见[HT00]），还会产生使人误解的文档，这还不如没有文档。

建立代码文档无外乎两种方式：利用代码本身；利用注释来沟通代码之外的问题。

> **不要用注释来包裹你的代码**
> **Don't comment to cover up**

如果必须通读一个方法的代码才能了解它做了什么，那么开发人员先要投入大量的时间和精力才能使用它。反过来讲，只需短短几行注释说明方法行为，就可以让生活变得轻松许多。开发人员可以很快了解到它的意图、它的期待结果，以及应该注意之处——这可省了你不少劲儿。

应该文档化你所有的代码吗？在某种程度上说，是的。但这并不意味着要注释绝大部分代码，特别是在方法体内部。源代码可以被读懂，不是因为其中的注释，而应该是由于它本身优雅而清晰——变量名运用正确、空格使用得当、逻辑分离清晰，以及表达式非常简洁。

如何命名很重要。程序元素的命名是代码读者必读的部分。[①] 通过使用细心挑选的名称，可以向阅读者传递大量的意图和信息。反过来讲，使用人造的命名范式（比如现在已经无人问津的匈牙利表示法）会让代码难以阅读和理解。这些范式中包括的底层数据类型信息，会硬编码在变量名和方法名中，形成脆弱、僵化的

① 在《地海巫师》（*The Wizard of Earthsea*）系列书籍中，知道一件事物的真实名称可以让一个人对它实施完全的控制。通过名称来进行魔法控制，是文学和神话中一种常用的主题，在软件开发中也是如此。

代码，并会在将来造成麻烦。

使用细心挑选的名称和清晰的执行路径，代码几乎不需要注释。实际上，当Andy和Dave Thomas联手写作第一本关于Ruby编程语言的书籍时（即参考文献[TH01]），他们只要阅读将会在Ruby解释器中执行的代码，几乎就可以把整个Ruby语言的相关细节记录下来了。代码能够自解释，而不用依赖注释，是一件很好的事情。Ruby的创建者松本行弘是日本人，而Andy和Dave除了“sukiyaki”（一种日式火锅）和“sake”（日本清酒）之外，一句日语也不会。

如何界定一个良好的命名？良好的命名可以向读者传递大量的正确信息。不好的命名不会传递任何信息，糟糕的命名则会传递**错误的**信息。

例如，一个名为`readAccount()`的方法实际所做的却是向硬盘写入地址信息，这样的命名就被认为是很糟糕的（是的，这确实发生过，参见[HT00]）。

`foo`是一个具有历史意义、很棒的临时变量名称，但是它没有传递作者的任何意图。要尽量避免使用神秘的变量名。不是说命名短小就等同于神秘：在许多编程语言中通常使用`i`来表示循环索引变量，`s`常被用来表示一个字符串。这在许多语言中都是惯用法，虽然都很短，但并不神秘。在这些环境中使用`s`作为循环索引变量，可真的不是什么好主意，名为`indexvar`的变量也同样不好。不必费尽心机去用繁复冗长的名字替换大家已习惯的名称。

对于显而易见的代码增加注释，也会有同样的问题，比如在一个类的构造方法后面添加注释`//Constructor`就是多此一举。但很不幸，这种注释很常见——通常是由过于热心的IDE插入的。最好的状况下，它不过是为代码添加了“噪音”。最坏的状况下，随着时间推进，这些注释则会过时，变得不再正确。

许多注释没有传递任何有意义的信息。例如，对于`passthrough()`方法，它的注释是“这个方法允许你传递”，但读者能从中得到什么帮助呢？这种注释只会分散注意力，而且很容易失去时效性［假使方法最后又被改名为`sendToHost()`］。

注释可用来为读者指定一条正确的代码访问路线图。为代码中的每个类或模块添加一个短小的描述，说明其目的以及是否有任何特别需求。对于类中的每个方法，可能要说明下列信息。

- 目的：为什么需要这个方法？
- 需求（前置条件）：方法需要什么样的输入，对象必须处于何种状态，才能让这个方法工作？
- 承诺（后置条件）：方法成功执行后，对象现在处于什么状态，有哪些返回值？
- 异常：可能会发生什么样的问题？会抛出什么样的异常？

要感谢如RDoc、javadoc和ndoc这样的工具，使用它们可以很方便地直接从代码注释创建有用的、格式优美的文档。这些工具抽取注释，并生成样式漂亮且带有超链接的HTML输出。

下面是一段C#文档化代码的摘录。通常的注释用//开头，要生成文档的注释用///开头（当然这仍然是合法的注释）。

```
using System;
namespace Bank
{
    /// <summary>
    /// A BankAccount represents a customer' s non-secured deposit
    /// account in the domain (see Reg 47.5, section 3).
    /// </summary>
   public class BankAccount
   {
      ...
      /// <summary>
      /// Increases balance by the given amount.
      /// Requirements: can only deposit a positive amount.
      /// </summary>
      ///
      /// <param name="depositAmount">The amount to deposit, already
      /// validated and converted to a Money object
      /// </param>
      ///
      /// <param name="depositSource">Origination of the monies
      /// (see FundSource for details)
      /// </param>
      ///
      /// <returns>Resulting balance as a convenience
      /// </returns>
      ///
      /// <exception cref="InvalidTransactionException">
      /// If depositAmount is less than or equal to zero, or FundSource
      /// is invalid (see Reg 47.5 section 7)
      /// or does not have a sufficient balance.
```

```
            /// </exception>

            public Money Deposit(Money depositAmount, FundSource depositSource)
            {
               ...
            }
        }
    }
```

图6-1展示了从C#代码示例中抽取出来的注释生成的文档。用于Java的Javadoc、用于Ruby的Rdoc等工具也都以类似的方式工作。

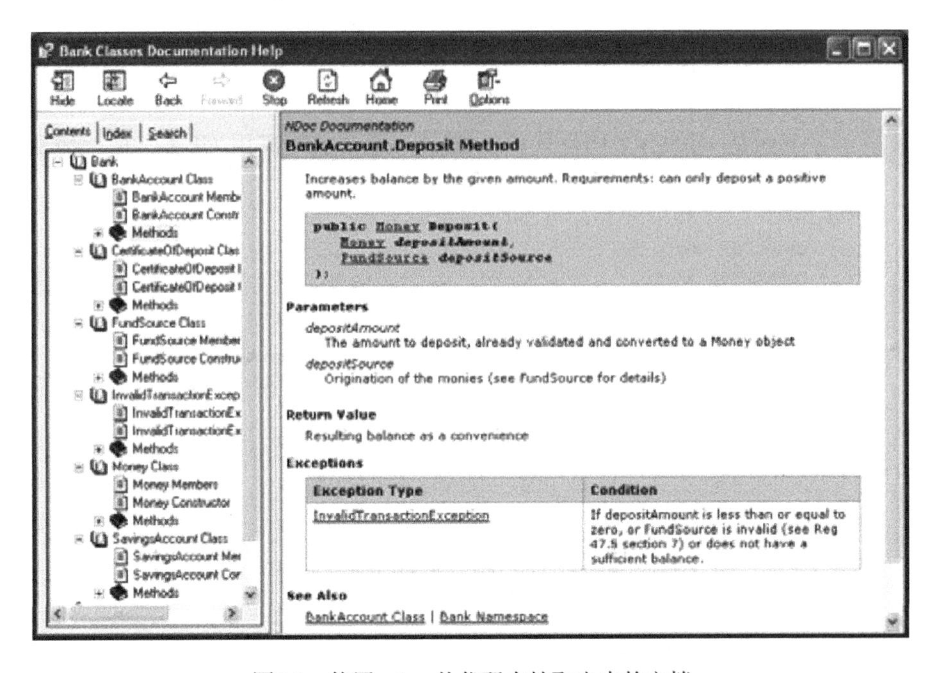

图6-1　使用ndoc从代码中抽取出来的文档

这种文档不只是为团队或组织之外的人准备的。假定你要修改几个月之前所写的代码，如果只要看一下方法头上的注释，就知道需要了解的重要细节，那么修改起来是不是会方便很多？不管怎么说，如果一个方法只有在发生日全食的时候才能正常工作，那么先了解到这个情况（而不必管代码细节）是有好处的，否则岂不是要白白等上10年才有这个机会？

代码被阅读的次数要远超过被编写的次数，所以在编程时多付出一点努力来做好文档，会让你在将来受益匪浅。

用注释沟通。使用细心选择的、有意义的命名。用注释描述代码意图和约束。注释不能替代优秀的代码。

切身感受

注释就像是可以帮助你的好朋友，可以先阅读注释，然后快速浏览代码，从而完全理解它做了什么，以及为什么这样做。

平衡的艺术

- Pascal定理的创始人Blaise Pascal[①]曾说，他总是没有时间写短信，所以只好写长信。请花时间去写简明扼要的注释吧。
- 在代码可以传递意图的地方不要使用注释。
- 解释代码做了什么的注释用处不那么大。相反，注释要说明为什么会这样写代码。
- 当重写方法时，保留描述原有方法意图和约束的注释。

① 布莱兹·帕斯卡尔（Blaise Pascal，1623—1662），生于法国奥弗涅，卒于巴黎。他是早慧的神童，早夭的天才。主要的数学成就是射影几何方面的Pascal定理，他与Fermat是概率论的奠基者。不过对后世影响最大的，是他的宗教性著作《沉思录》。——译者注

27 动态评估取舍

“性能、生产力、优雅、成本以及上市时间，在软件开发过程中都是至关重要的因素。每一项都必须达到最理想状态。”

你可能曾经身处这样的团队：管理层和客户将很大一部分注意力都放在应用的界面展示上。也有这样的团队，其客户认为性能表现非常重要。在团队中，你可能会发现，有这样一个开发主管或者架构师，他会强调遵守“正确”的范式比其他任何事情都重要。对任何单个因素如此独断地强调，而不考虑它是否是项目成功的必要因素，必然导致灾难的发生。

强调性能的重要性情有可原，因为恶劣的性能表现会让一个应用在市场上铩羽而归。然而，如果应用的性能已经足够好了，还有必要继续投入精力让其运行得更快一点吗？大概不用了吧。一个应用还有很多其他方面的因素同样重要。与其花费时间去提升千分之一的性能表现，也许减少开发投入，降低成本，并尽快让应用程序上市销售更有价值。

举例来说，考虑一个必须要与远程Windows服务器进行通讯的.NET Windows应用程序。可以选择使用.NET Remoting技术或Web Service来实现这个功能。现在，针对使用Web Service的提议，有些开发者会说：“我们要在Windows之间进行通信，通常此类情况下，推荐使用.NET Remoting。而且，Web Service很慢，我们会遇到性能问题。”嗯，一般来说确实是这样。

然而，在这个例子中，使用Web Service很容易开发。对Web Service的性能测试表明XML[①]文档很小，并且相对应用程序自己的响应时间来讲，花在创建和解析XML上的时间几乎可以忽略不计。使用Web Service不但可以在短期内节省开发时间，且在此后团队被迫使用第三方提供的服务时，Web Service也是个明智的选择。

---

① XML文档就像人类一样——它们在小时候很可爱，并且与它们在一起也很有意思，但是长大之后，就会变得特别让人厌烦。

Andy如是说……

过犹不及

我曾经遇到这样一个客户，他们坚信可配置性的重要性，致使他们的应用有大概10 000个可配置变量。新增代码变得异常艰难，因为要花费大量时间来维护配置应用程序和数据库。但是他们坚信需要这种程度的灵活性，因为每个客户都有不同的需求，需要不同的设置。

可实际上，他们只有19个客户，而且预计将来也不会超过50个。他们并没有很好地去权衡。

考虑这样一个应用，从数据库中读取数据，并以表格方式显示。你可以使用一种优雅的、面向对象的方式，从数据库中取数据，创建对象，再将它们返回给UI层。在UI层中，你再从对象中拆分出数据，并组织为表格方式显示。除了看起来优雅之外，这样做还有什么好处吗？

也许你只需要让数据层返回一个数据集或数据集合，然后用表格显示这些数据即可。这样还可以避免对象创建和销毁所耗费的资源。如果需要的只是数据展示，为什么要创建对象去自找麻烦呢？不按书上说的OO方式来做，可以减少投入，同时获得性能上的提升。当然，这种方式有很多缺点，但问题的关键是要多长个心眼儿，而不是总按照习惯的思路去解决问题。

总而言之，要想让应用成功，降低开发成本与缩短上市时间，二者的影响同样重要。由于计算机硬件价格日益便宜，处理速度日益加快，所以可在硬件上多投入以换取性能的提升，并将节省下来的时间放在应用的其他方面。

当然，这也不完全对。如果硬件需求非常庞大，需要一个巨大的计算机网格以及众多的支持人员才能维持其正常运转（比如类似Google那样的需求），那么考虑就要向天平的另一端倾斜了。

但是谁来最终判定性能表现已经足够好，或是应用的展现已经足够“炫”了呢？客户或是利益相关者必须进行评估，并做出相关决定（见第45页习惯10）。如果团队认为性能上还有提升的空间，或者觉得可以让某些界面看起来更吸引人，那么就去咨询一下利益相关者，让他们决定应将重点放在哪里。

没有适宜所有状况的最佳解决方案。你必须对手上的问题进行评估，并选出最合适的解决方案。每个设计都是针对特定问题的——只有明确地进行评估和权衡，才能得出更好的解决方案。

没有最佳解决方案
No best solution

动态评估权衡。考虑性能、便利性、生产力、成本和上市时间。如果性能表现足够了，就将注意力放在其他因素上。不要为了感觉上的性能提升或者设计的优雅，而将设计复杂化。

切身感受

即使不能面面俱到，你也应该觉得已经得到了最重要的东西——客户认为有价值的特性。

平衡的艺术

- 如果现在投入额外的资源和精力，是为了将来可能得到的好处，要确认投入一定要得到回报（大部分情况下，是不会有回报的）。
- 真正的高性能系统，从一开始设计时就在向这个方向努力。
- 过早的优化是万恶之源。[①]
- 过去用过的解决方案对当前的问题可能适用，也可能不适用。不要事先预设结论，先看看现在是什么状况。

① Donald Knuth对Hoare格言的强有力概括[Knu92]。

28 增量式编程

“真正的程序员写起代码来，一干就是几个小时，根本不停，甚至连头都不抬。不要停下来去编译你的代码，只要一直往下写就好了！”

当你开车进行长途旅行时，两手把住方向盘，固定在一个位置，两眼直盯前方，油门一踩到底几个小时，这样可能吗？当然不行了，你必须掌控方向，必须经常注意交通状况，必须检查油量表，必须停车加油、吃饭，准备其他必需品，以及诸如此类的活动。[①]

如果不对自己编写的代码进行测试，保证没有问题，就不要连续几个小时，甚至连续几分钟进行编程。相反，应该采用**增量式**的编程方式。增量式编程可以精炼并结构化你的代码。代码被复杂化、变成一团乱麻的几率减少了。所开发的代码基于即时的反馈，这些反馈来自以小步幅方式编写代码和测试的过程。

采取增量式编程和测试，会倾向于创建更小的方法和更具内聚性的类。你不是在埋头盲目地一次性编写一大堆代码。相反，你会经常评估代码质量，并不时地进行许多小调整，而不是一次修改许多东西。

在编写代码的时候，要经常留心可以改进的微小方面。这可能会改善代码的可读性。也许你会发现可以把一个方法拆成几个更小的方法，使其变得更易于测试。在**重构**的原则指导下，可以做出许多细微改善（见Martin Fowler的《重构：改善既有代码的设计》[②][FBB+99]一书中的相关讨论）。可以使用测试优先开发方式（见第82页习惯20），作为强制进行增量式编程的方式。关键在于持续做一些细小而有用的事情，而不是做一段长时间的编程或重构。

这就是敏捷的方式。

① Kent Beck在《解析极限编程》一书中引入了开车（以及掌控方向盘的重要性）作为比喻。

② 本书已由人民邮电出版社出版。——编者注

在很短的编辑/构建/测试循环中编写代码。这要比花费长时间仅仅做编写代码的工作好得多。可以创建更加清晰、简单、易于维护的代码。

切身感受

在写了几行代码之后，你会迫切地希望进行一次构建/测试循环。在没有得到反馈时，你不想走得太远。

平衡的艺术

- 如果构建和测试循环花费的时间过长，你就不会希望经常运行它们了。要保证测试可以快速运行。
- 在编译和测试运行中，停下来想一想，并暂时远离代码细节，这是保证不会偏离正确方向的好办法。
- 要休息的话，就要好好休息。休息时请远离键盘。
- 要像重构你的代码那样，重构你的测试，而且要经常重构测试。

29

保持简单

“软件是很复杂的东西。随便哪个笨蛋都可以编写出简单、优雅的软件。通过编写史上最复杂的程序，你将会得到美誉和认可，更不用提保住你的工作了。”

也许你看过这样一篇文章，其中提到了一个设计想法，表示为一个带有花哨名称的模式。放下杂志，眼前的代码似乎马上就可以用到这种模式。这时要扪心自问，是不是真的需要用它，以及它将如何帮你解决眼前的问题。问问自己，是不是特定的问题强迫你使用这个解决方案。不要让自己被迫进行过分设计，也不要将代码过分复杂化。

Andy曾经认识一个家伙，他对设计模式非常着迷，想把它们全都用起来。有一次，要写一个大概几百行代码的程序。在被别人发现之前，他已经成功地将GoF那本书[GHJV95]中的17个模式，都运用到那可怜的程序中。

这不应该是编写敏捷代码的方式。

问题在于，许多开发人员倾向于将投入的努力与程序复杂性混同起来。如果你看到别人给出的解决方案，并评价说“非常简单且易于理解”，很有可能你会让设计者不高兴。许多开发人员以自己程序的复杂性为荣，如果能听到说：“Wow，这很难，一定是花了很多时间和精力才做出来的吧。”他们就会面带自豪的微笑了。其实应当恰恰相反，开发人员更应该为自己能够创建出一个简单并且可用的设计而骄傲。

> 简单不是简陋
> Simple is not simplistic

“简单性”这个词汇被人们大大误解了（在软件开发工作以及人们的日常生活中，皆是如此）。它并不意味着简陋、业余或是能力不足。恰恰相反，相比一个过分复杂、拙劣的解决方案，简单的方案通常更难以获得。

简单性，在编程或是写作中，就像是厨师的收汁调料。从大量的葡萄酒、主料和配料开始，你小心地进行烹调，到最后得到了最浓缩的精华部分。这就是好的代码应该带给人的感觉——不是一大锅黏糊糊的、乱七八糟的东西，而是真正的、富含营养的、口味上佳的酱汁。

Andy如是说……

怎样才算优雅?

优雅的代码第一眼看上去，就知道它的用处，而且很简洁。但是这样的解决方案不是那么容易想出来的。这就是说，优雅是易于理解和辨识的，但是要想创建出来就困难得多了。

评价设计质量的最佳方式之一，就是听从直觉。直觉不是魔术，它是经验和技能的厚积薄发之产物。在查看一个设计时，听从头脑中的声音。如果觉得什么地方不对，那就好好想想，是哪里出了问题。一个好的设计会让人觉得很舒服。

开发可以工作的、最简单的解决方案。除非有不可辩驳的原因，否则不要使用模式、原则和高难度技术之类的东西。

切身感受

当你觉得所编写的代码中没有一行是多余的，并且仍能交付全部的功能时，这种感觉就对了。这样的代码容易理解和改正。

平衡的艺术

- 代码几乎总是可以得到进一步精炼，但是到了某个点之后，再做改进就不会带来任何实质性的好处了。这时开发人员就该停下来，去做其他方面的工作了。
- 要将目标牢记在心：简单、可读性高的代码。强行让代码变得优雅与过早优化类似，同样会产生恶劣的影响。
- 当然，简单的解决方案必须要满足功能需求。为了简单而在功能上妥协，这就是过分简化了。
- 太过简洁不等于简单，那样无法达到沟通的目的。
- 一个人认为简单的东西，可能对另一个人就意味着复杂。

30 编写内聚的代码

“你要编写一些新的代码，首先要决定的就是把这些代码放在什么地方。其实放在什么地方问题不大，你就赶紧开始吧，看看IDE中现在打开的是哪个类，直接加进去就是了。如果所有的代码都在一个类或组件里面，要找起来是很方便的。”

内聚性用来评估一个组件（包、模块或配件）中成员的功能相关性。内聚程度高，表明各个成员共同完成了一个功能特性或是一组功能特性。内聚程度低的话，表明各个成员提供的功能是互不相干的。

假定把所有的衣服都扔到一个抽屉里面。当需要找一双袜子的时候，要翻遍里面所有的衣服——裤子、内衣、T恤等——才能找到。这很麻烦，特别是在赶时间的时候。现在，假定把所有的袜子都放在一个抽屉里面（而且是成双放置的），全部的T恤放在另外一个抽屉中，其他衣服也分门别类。要找到一双袜子，只要打开正确的抽屉就可以了。

与此类似，如何组织一个组件中的代码，会对开发人员的生产力和全部代码的可维护性产生重要影响。在决定创建一个类的时候，问问自己，这个类的功能是不是与组件中其他某个类的功能类似，而且功能紧密相关。这就是组件级的内聚性。

类也要遵循内聚性。如果一个类的方法和属性共同完成了一个功能（或是一系列紧密相关的功能），这个类就是内聚的。

看看Charles Hess先生于1866年申请的专利，“可变换的钢琴、睡椅和五斗柜”（见图6-2）。根据他的专利说明，它提供了“……附加的睡椅和五斗柜……以填满钢琴下未被使用的空间……”。接下来他说明了为什么要发明这个可变换的钢琴。读者可能已经见过类似这种发明的项目代码结构了，而且也许其中有你的份。这个发明不具备任何内聚性，任何一个人都可以想象得到，要维护这个怪物（比如换垫子、调钢琴等）会是多么困难。

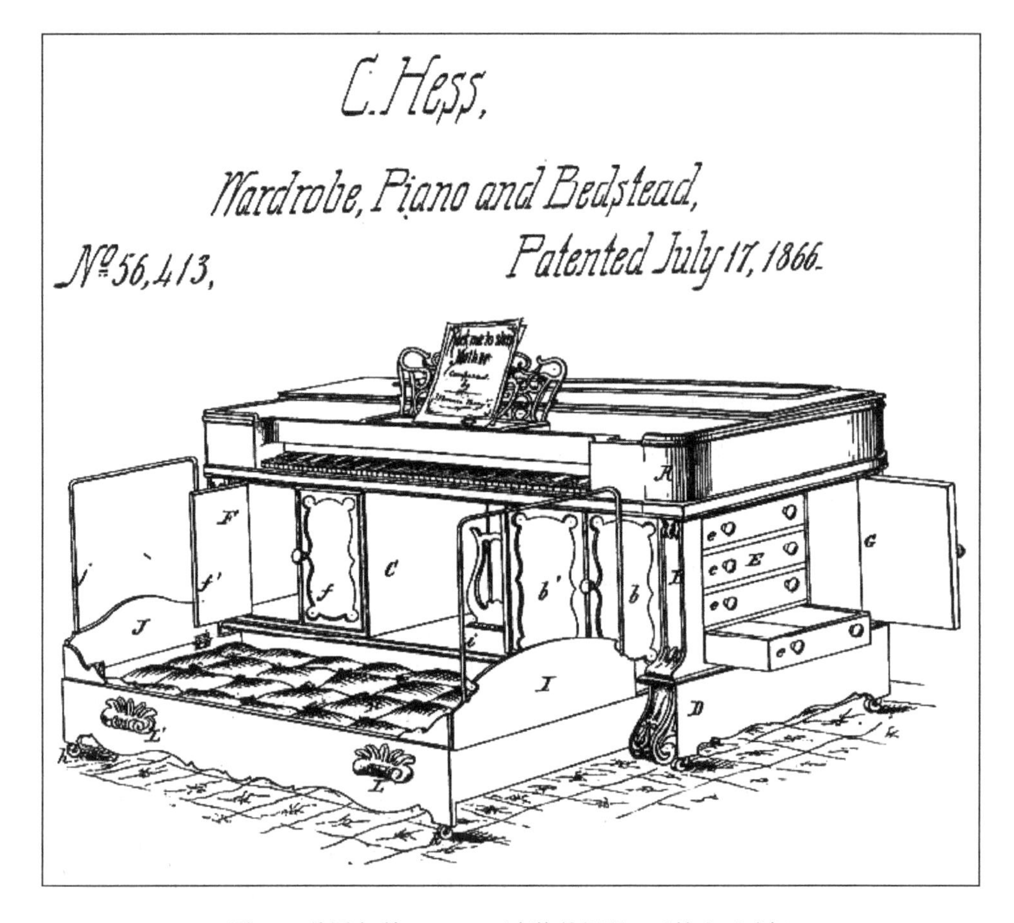

图6-2 美国专利56 413：可变换的钢琴、睡椅和五斗柜

看看最近的例子。Venkat曾经见过一个用ASP开发的、有20个页面的Web应用。每个页面都以HTML开头，并包含大量VBScript脚本，其中还内嵌了访问数据库的SQL语句。客户当然会认为这个应用的开发已经失去了控制，并且无法维护。如果每个页面都包括展示逻辑、业务逻辑和访问数据的代码，就有太多的东西都堆在一个地方了。

假定要对数据库的表结构进行一次微调。这个微小的变化会导致应用中所有的页面发生变化，而且每个页面中都会有多处改变——这个应用很快就变成了一场灾难。

如果应用使用了中间层对象（比如一个COM组件）来访问数据库，数据库表结构变更所造成的影响就可以控制在一定的范围之内，代码也更容易维护。

低内聚性的代码会造成很严重的后果。假设有这样一个类，实现了五种完全不相干的功能。如果这5个功能的需求或细节发生了变化，这个类也必须跟着改变。如果一个类（或者一个组件）变化得过于频繁，这样的改变会对整个系统形成“涟漪效应”，并导致更多的维护和成本的发生。考虑另一个只实现了一种功能的类，这个类变化的频度就没有那么高。类似地，一个更具内聚性的组件不会有太多导致其变化的原因，也因此而更加稳定。根据单一职责原则（查看《敏捷软件开发：原则、模式与实践》[Mar02]），一个模块应该只有一个发生变化的原因。

一些设计技巧可以起到帮助作用。举例来说，我们常常使用模型–视图–控制器（MVC）模式来分离展示层逻辑、控制器和模型。这个模式非常有效，因为它可以让开发人员获得更高的内聚性。模型中的类包含一种功能，在控制器中的类包含另外的功能，而视图中的类则只关心UI。

内聚性会影响一个组件的可重用性。组件粒度是在设计时要考虑的一个重要因素。根据重用发布等价原则（[Mar02]）：重用的粒度与发布的粒度相同。这就是说，程序库用户所需要的，是完整的程序库，而不只是其中的一部分。如果不能遵循这个原则，组件用户就会被强迫只能使用所发布组件的一部分。很不幸的是，他们仍然会被不关心的那一部分的更新所影响。软件包越大，可重用性就越差。

让类的功能尽量集中，让组件尽量小。要避免创建很大的类或组件，也不要创建无所不包的大杂烩类。

切身感受

感觉类和组件的功能都很集中：每个类或组件只做一件事，而且做得很好。bug很容易跟踪，代码也易于修改，因为类和组件的责任都很清晰。

平衡的艺术

- 有可能会把一些东西拆分成很多微小的部分，而使其失去了实用价值。当你需要一只袜子的时候，一盒棉线不能带给你任何帮助。[①]
- 具有良好内聚性的代码，可能会根据需求的变化，而成比例地进行变更。考虑一下，实现一个简单的功能变化需要变更多少代码。[②]

---

① 你可以把这个叫作“意大利面OO”系统。

② 本书的一位审阅者告诉我们这样一个系统，向一个表单中添加一个字段，需要16名团队成员和6名经理的同意。这是一个很清晰的警告信号，说明系统的内聚性很差。

31 告知，不要询问

“不要相信其他的对象。毕竟，它们是由别人写的，甚至有可能是你自己上个月头脑发昏的时候写的呢。从别人那里去拿你需要的信息，然后自己处理，自己决策。不要放弃控制别人的机会！”

“面向过程的代码取得信息，然后做出决策。面向对象的代码让别的对象去做事情。”Alec Sharp[Sha97]通过观察后，一针见血地指出了这个关键点。但是这种说法并不仅限于面向对象的开发，任何敏捷的代码都应该遵循这个方式。

作为某段代码的调用者，开发人员绝对不应该基于被调用对象的状态来做出任何决策，更不能去改变该对象的状态。这样的逻辑应该是被调用对象的责任，而不是你的。在该对象之外替它做决策，就违反了它的封装原则，而且为bug提供了滋生的土壤。

David Bock使用“送报男孩和钱包的故事”很好地诠释了这一点。[1] 假定送报男孩来到你的门前，要求付给他本周的报酬。你转过身去，让送报男孩从你的后屁股兜里掏出钱包，并且从中拿走两美元（你希望是这么多），再把钱包放回去。然后，送报男孩就会开着他崭新的美洲豹汽车扬长而去了。

在这个过程中，送报男孩作为“调用者”，应该告诉客户付他两美元。他不能探询客户的财务状况，或是钱包的薄厚，他也不能代替客户做任何决策。这都是客户的责任，而不属于送报男孩。敏捷代码也应该以同样的方式工作。

> **将命令与查询分离开来**
> *Keep commands separate from queries*

与**告知，不要询问**相关的一个很有用的技术是：命令与查询相分离模式（command-query separation）。就是要将功能和方法分为“命令”和“查询”两类，并在源码中记录下来（这样做可以帮助将所有的“命令”代码放在一起，并将所有的“查询”代码放在一起）。

---

① http://www.javaguy.org/papers/demeter.pdf。

一个常规的“命令”可能会改变对象的状态，而且有可能返回一些有用的值，以方便使用。一个“查询”仅仅提供给开发人员对象的状态，并不会对其外部的可见状态进行修改。

小心副作用

是不是听到有人说过：“噢，我们刚调用了那个方法，是因为它的副作用。”这种说法等同于为代码中的诡异之处辩护说：“嗯，它现在是这个样子，是因为过去就是这个样子……”

类似这样的话就是一个明显的警告信号，表明存在一个敏感易碎的而不是敏捷的设计。

对副作用的依赖，或是与一个不断扭曲、与现实不符的设计共存，说明你必须马上开始重新设计以及重构你的代码了。

这就是说，从外部看来，“查询”不应该有任何副作用（如果需要的话，开发人员可能想在后台做一些事先的计算或是缓存处理，但是取得对象中*X*的值，不应该改变*Y*的值）。

像**“命令”**这种会产生内部影响的方法，强化了**告知，不要询问**的建议。此外，保证“查询”没有副作用，也是很好的编码实践，因为开发人员可以在单元测试中自由使用它们，在断言或者调试器中调用它们，而不会改变应用的状态。

从外部将“查询”与“命令”隔离开来，还会给开发人员机会询问自己为什么要暴露某些特定的数据。真的需要这么做吗？调用者会如何使用它？也许应该有一个相关的“命令”来替代它。

告知，不要询问。不要抢别的对象或是组件的工作。告诉它做什么，然后盯着你自己的职责就好了。

切身感受

Smalltalk使用“信息传递”的概念，而不是方法调用。**告知，不要询问**感觉起来就像你在发送消息，而不是调用函数。

平衡的艺术

- 一个对象，如果只是用作大量数据容器，这样的做法很可疑。有些情况下会需要这样的东西，但并不像想象的那么频繁。
- 一个“命令”返回数据以方便使用是没有问题的（如果需要的话，创建单独读取数据的方法也是可以的）。
- 绝对不能允许一个看起来无辜的“查询”去修改对象的状态。

根据契约进行替换

“深层次的继承是很棒的。如果你需要其他类的函数，直接继承它们就好了！不要担心你创建的新类会造成破坏，你的调用者可以改变他们的代码。这是他们的问题，而不是你的问题。”

保持系统灵活性的关键方式，是当新代码取代原有代码之后，其他已有的代码不会意识到任何差别。例如，某个开发人员可能想为通信的底层架构添加一种新的加密方式，或者使用同样的接口实现更好的搜索算法。只要接口保持不变，开发人员就可以随意修改实现代码，而不影响其他任何现有代码。然而，说起来容易，做起来难。所以需要一点指导来帮助我们正确地实现。因此，去看看Barbara Liskov的说法。

Liskov替换原则[Lis88]告诉我们：任何继承后得到的派生类对象，必须可以替换任何被使用的基类对象，而且使用者不必知道任何差异。换句话说，某段代码如果使用了基类中的方法，就必须能够使用派生类的对象，并且自己不必进行任何修改。

这到底意味着什么？假定某个类中有一个简单的方法，用来对一个字符串列表进行排序，然后返回一个新的列表。并用如下的方式进行调用：

```
utils = new BasicUtils();
...
sortedList = utils.sort(aList);
```

现在假定开发人员派生了一个BasicUtils的子类，并写了一个新的sort()方法，使用了更快、更好的排序算法：

```
utils = new FasterUtils();
...
sortedList = utils.sort(aList);
```

注意对sort()的调用是完全一样的，一个FasterUtils对象完美地替换了一个BasicUtils对象。调用utils.sort()的代码可以处理任何类型的utils对象，而且可以正常工作。

但如果开发人员派生了一个BasicUtils的子类，并改变了排序的意义——也许返回的列表以相反的顺序进行排列——那就严重违反了Liskov替换原则。

要遵守Liskov替换原则，相对基类的对应方法，派生类服务（方法）应该*不要求更多，不承诺更少*；要可以进行自由的替换。在设计类的继承层次时，这是一个非常重要的考虑因素。

继承是OO建模和编程中被滥用最多的概念之一。如果违反了Liskov替换原则，继承层次可能仍然可以提供代码的可重用性，但是将会失去可扩展性。类继承关系的使用者现在必须要检查给定对象的类型，以确定如何针对其进行处理。当引入了新的类之后，调用代码必须经常重新评估并修正。这不是敏捷的方式。

但是可以借用一些帮助。编译器可以帮助开发人员强制执行Liskov替换原则，至少在某种程度上是可以达到的。例如，针对方法的访问修饰符。在Java中，重写方法的访问修饰符必须与被重写方法的修饰符相同，或者可访问范围更加宽大。也就是说，如果基类方法是受保护的，那么派生重写方法的修饰符必须是受保护的或者公共的。在C#和VB.NET中，被重写方法与重写方法的访问保护范围必须完全相同。

考虑一个带有findLargest()方法的类Base，方法中抛出一个IndexOutOfRangeException异常。基于文档，类的使用者会准备抓住可能被抛出的异常。现在，假定你从Base类继承得到类Derived，并重写了findLargest()方法，在新的方法中抛出了一个不同的异常。现在，如果某段代码期待使用Base类对象，并调用了Derived类的实例，这段代码就有可能接收到一个意想不到的异常。你的Derived类就不能替换使用到Base类的地方。在Java中，通过不允许重写方法抛出任何新的检查异常避免了这个问题，除非异常本身派生自被重写方法抛出的异常类（当然，对于像RuntimeException这样的未检查异常，编译器就不能帮你了）。

不幸的是，Java也违背了Liskov替换原则。java.util.Stack类派生自java.util.Vector类。如果开发人员（不小心）将Stack对象发送给一个期待Vector实例的方法，Stack中的元素就可能以不符合期望行为的顺序插入或删除。

当使用继承时，要想想派生类是否可以替换基类。如果答案是不能，就要问问自己为什么要使用继承。如果答案是希望在编写新类的时候，还要重用基类中的代码，也许要考虑转而使用聚合。聚合是指在类中包含一个对象，并且该对象是其他类的实例，开发人员将责任委托给所包含的对象来完成（该技术同样被称为委托）。

> 针对is-a关系使用继承；针对has-a或uses-a关系使用委托
> *Use inheritance for is-a; use delegation for has-a or uses-a*

图6-3中展示了委托与继承之间的差异。在图中，一个调用者调用了`Called Class`中的`methodA()`，而它将会通过继承直接调用`Base Class`中的方法。在委托的模型中，`Called Class`必须要显式地将方法调用转向包含的委托方法。

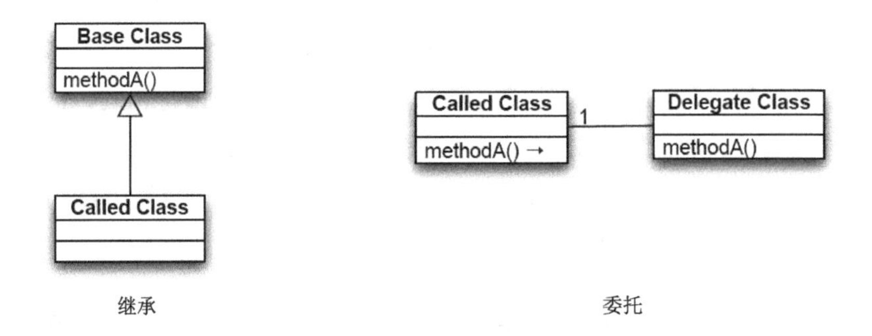

图6-3 委托与继承

那么继承和委托分别在什么时候使用呢？

- 如果新类可以替换已有的类，并且它们之间的关系可以通过is-a来描述，就要使用继承。
- 如果新类只是使用已有的类，并且两者之间的关系可以描述为has-a或是uses-a，就使用委托吧。

开发人员可能会争辩说，在使用委托时，必须要写很多小方法，来将方法调用指向所包含的对象。在继承中，不需要这样做，因为基类中的公共方法在派生类中就已经是可用的了。仅凭这一点，并不能构成使用继承足够好的理由。

你可以开发一个好的脚本或是好的IDE宏，来帮助编写这几行代码，或者使用一种更好的编程语言/环境，以支持更自动化形式的委托（比如Ruby这一点就做得不错）。

通过替换代码来扩展系统。通过替换遵循接口契约的类，来添加并改进功能特性。要多使用委托而不是继承。

切身感受

这会让人觉得有点鬼鬼祟祟的，你可以偷偷地替换组件代码到代码库中，而且其他代码对此一无所知，它们还获得了新的或改进后的功能。

平衡的艺术

- 相对继承来说，委托更加灵活，适应力也更强。
- 继承不是魔鬼，只是长久以来被大家误解了。
- 如果你不确定一个接口做出了什么样的承诺，或是有什么样的需求，那就很难提供一个对其有意义的实现了。

第7章

敏捷调试

你也许会对木匠那毫无差错的工作印象深刻。但我向你保证，事实不是这样的。真正的高手只是知道如何亡羊补牢。

——Jeff Miller，家具制造者、作家

即使是运作得最好的敏捷项目，也会发生错误。bug、错误、缺陷——不管被称作什么，它们总会发生。

在调试时面对的真正问题，是无法用固定的时间来限制。可以规定设计会议的持续时间，并在时间截止时决定采用最佳的方案。但是调试所耗费的时间，可能是一个小时、一天，甚至一周过去了，还是没有办法找到并解决问题。

对于一个项目来说，这种没有准确把握的时间消耗是不可接受的。不过，我们可以使用一些辅助技术，涵盖的范围包括：保留以前的问题解决方案，以及提供发生问题时的更多有用细节。

要想更加有效地重用你的知识和努力，**记录问题解决日志**是很有用的，我们会在下一页看到如何具体操作。当编译器警告有问题的时候，要假定**警告就是错误**，并且马上把它们解决掉（第132页）。

想在一个完整的系统中跟踪问题非常困难——甚至是不可能的。如果可以**对问题各个击破**，正如我们在第136页中看到的那样，就更容易找到问题了。不同于某些欲盖弥彰的行为，应该**报告所有的异常**，如第139页所述。最后，在报告某些事情出错之时，必须要考虑用户的感受，并且**提供有用的错误信息**。我们会在第141页看到这是为什么。

33 记录解决问题的日志

“在开发过程中是不是经常遇到似曾相识的问题？这没关系。以前解决过的问题，现在还是可以解决掉的。”

面对问题（并解决它们）是开发人员的一种生活方式。当问题发生时，我们希望赶紧把它解决掉。如果一个熟悉的问题再次发生，我们会希望记起第一次是如何解决的，而且希望下次能够更快地把它搞定。然而，有时一个问题看起来跟以前遇到的完全一样，但是我们却不记得是如何修复的了。这种状况时常发生。

不能通过Web搜索获得答案吗？毕竟互联网已经成长为如此令人难以置信的信息来源，我们也应该好好加以利用。从Web上寻找答案当然胜过仅靠个人努力解决问题。可这是非常耗费时间的过程。有时可以找到需要的答案，有时除了找到一大堆意见和建议之外，发现不了实质性的解决方案。看到有多少开发人员遇到同样的问题，也许会感觉不错，但我们需要的是一个解决办法。

要想得到更好的效果，不妨维护一个保存曾遇到的问题以及对应解决方案的日志。这样，当问题发生时，就不必说：“嘿，我曾碰到过这个问题，但是不记得是怎么解决的了。”可以快速搜索以前用过的方法。工程师们已经使用这种方式很多年了，他们称之为*每日日志*（daylog）。

> **不要在同一处跌倒两次**
> **Don't get burned twice**

可以选择符合需求的任何格式。下面这些条目可能会用得上。

- 问题发生日期。
- 问题简述。
- 解决方案详细描述。
- 引用文章或网址，以提供更多细节或相关信息。
- 任何代码片段、设置或对话框的截屏，只要它们是解决方案的一部分，或者可以帮助更深入地理解相关细节。

要将日志保存为可供计算机搜索的格式，就可以进行关键字搜索以快速查找细节。图7-1展示了一个简单的例子，其中带有超链接以提供更多信息。

04/01/2006: Installed new version of Qvm (2.1.6), which fixed problem where cache entries never got deleted.

04/27/2006: If you use KQED version 6 or earlier, you have to rename the base directory to _kqed6 to avoid a conflict with the in-house Core library.

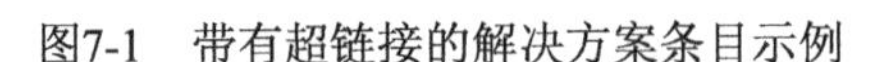

图7-1　带有超链接的解决方案条目示例

如果面临的问题无法在日志中找到解决方案，在问题解决之后，要记得马上将新的细节记录到日志中去。

要共享日志给其他人，而不仅仅是靠一个人维护。把它放到共享的网络驱动器中，这样其他人也可以使用。或者创建一个Wiki，并鼓励其他开发人员使用和更新其内容。

维护一个问题及其解决方案的日志。保留解决方案是修复问题过程的一部分，以后发生相同或类似问题时，就可以很快找到并使用了。

切身感受

解决方案日志应该作为思考的一个来源，可以在其中发现某些特定问题的细节。对于某些类似但是有差异的问题，也能从中获得修复的指引。

平衡的艺术

- 记录问题的时间不能超过在解决问题上花费的时间。要保持轻量级和简单，不必达到对外发布时的质量。
- 找到以前的解决方法非常关键。使用足够的关键字，可以帮助你在需要的时候发现需要的条目。

- 如果通过搜索Web，发现没人曾经遇到同样的问题，也许搜索的方式有问题。
- 要记录发生问题时应用程序、应用框架或平台的特定版本。同样的问题在不同的平台或版本上可能表现得不同。
- 要记录团队做出一个重要决策的原因。否则，在6~9个月之后，想再重新回顾决策过程的时候，这些细节就很难再记得了，很容易发生互相指责的情形。

警告就是错误

"编译器的警告信息只不过是给过分小心和过于书呆子气的人看的。它们只是警告而已。如果导致的后果很严重，它们就是错误了，而且会导致无法通过编译。所以干脆忽略它们就是了。"

当程序中出现一个编译错误时，编译器或是构建工具会拒绝产生可执行文件。我们别无选择——必须要先修正错误，再继续前行。

然而，警告却是另外一种状况。即使代码编译时产生了警告，我们还是可以运行程序。那么忽略警告信息继续开发代码，会导致什么状况呢？这样做等于是坐在了一个嘀嗒作响的定时炸弹上，而且它很有可能在最糟糕的时刻爆炸。

有些警告是过于挑剔的编译器的良性副产品，有些则不是。例如，一个关于未被使用的变量的警告，可能不会产生什么恶劣影响，但却有可能是暗示某些变量被错误使用了。

最近在一家客户那里，Venkat发现一个开发中的应用有多于300个警告。其中一个被开发人员忽略的警告是这样：

```
Assignment in conditional expression is always constant;
did you mean to use == instead of = ?
```
条件表达式中的赋值总为常量，你是否要使用==而不是=？

相关代码如下：

```
if (theTextBox.Visible = true)
...
```

也就是说，`if`语句总是会评估为`true`，无论不幸的`theTextBox`变量是什么状况。看到类似这样真正的错误被当作警告忽略掉，真是令人感到害怕。

看看下面的C#代码：

```
public class Base
{
  public virtual void foo()
  {
```

```
    Console.WriteLine("Base.foo");
  }
}

public class Derived : Base
{
  public virtual void foo()
  {
    Console.WriteLine("Derived.foo");
  }
}

class Test
{
  static void Main(string[] args)
  {
    Derived d = new Derived();
    Base b = d;
    d.foo();
    b.foo();
  }
}
```

在使用Visual Studio 2003默认的项目设置对其进行编译时，会看到如此信息“构建：1个成功，0失败，0跳过”显示在Output窗口的底部。运行程序，会得到这样的输出：

```
Derived.foo
Base.foo
```

但这不是我们预期的结果。应该看到两次对Derived类中foo方法的调用。是哪里出错了？如果仔细查看Output窗口，可以发现这样的警告信息：

```
Warning. Derived.foo hides inherited member Base.foo
To make the current member override that implementation,
add the override keyword. Otherwise, you' d add the new keyword.
```

这明显是一个**错误**——在Derived类的foo()方法中，应该使用override而不是virtual。[①] 想象一下，有组织地忽略代码中类似这样的错误会导致什么样的后果。代码的行为会变得无法预测，其质量会直线下降。

可能有人会说优秀的单元测试可以发现这些问题。是的，它们可以起到帮助作用（而且也应该使用优秀的单元测试）。可如果编译器可以发现这种问题，那为什么

① 这对C++程序员来讲是一个潜伏的陷阱。在C++中代码可以按预期方式工作。

不利用它呢？这可以节省大量的时间和麻烦。

要找到一种方式让编译器将警告作为错误提示出来。如果编译器允许调整警告的报告级别，那就把级别调到最高，让任何警告不能被忽略。例如，GCC编译器支持`-Werror`参数，在Visual Studio中，开发人员可以改变项目设置，将警告视为错误。

对于一个项目的警告信息来说，至少也要做到这种地步。然而，如果采取这种方式，就要对创建的每个项目去进行设置。如果可以尽量以全局化的方式来进行设置就好了。

比如，在Visual Studio中，开发人员可以修改项目模板（查看*.NET Gotchas* [Sub05]获取更多细节），这样在计算机上创建的任何项目，都会有同样的完整项目设置。在当前版本的Eclipse中，可以按照这样的顺序修改设置：Windows→Preferences→Java→Compiler→Errors/Warnings。如果使用其他的语言或IDE，花一些时间来找出如何在其中将警告作为错误处理吧。

在修改设置的时候，要记得在构建服务器上使用的持续集成工具中，修改同样的设置选项。（要详细了解持续集成，查看第87页习惯21。）这个小小的设置，可以大大提升团队签入到源码控制系统中的代码质量。

在开始一个项目的时候，要把相关的设置都准备好。在项目进行到一半的时候，突然改变警告设置，有可能会带来颠覆性的后果，导致难以控制。

编译器可以轻易处理警告信息，可是你不能。

将警告视为错误。 签入带有警告的代码，就跟签入有错误或者没有通过测试的代码一样，都是极差的做法。签入构建工具中的代码不应该产生任何警告信息。

切身感受

警告给人的感觉就像……哦，警告。它们就某些问题给出警告，来吸引开发人员的注意。

平衡的艺术

- 虽然这里探讨的主要是编译语言，解释型语言通常也有标志，允许运行时警告。使用相关标志，然后捕获输出，以识别并最终消除警告。
- 由于编译器的bug或是第三方工具或代码的原因，有些警告无法消除。如果确实没有应对之策的话，就不要再浪费更多时间了。但是类似的状况很少发生。
- 应该经常指示编译器：要特别注意别将无法避免的警告作为错误进行提示，这样就不用费力去查看所有的提示，以找到真正的错误和警告。
- 弃用的方法被弃用是有原因的。不要再使用它们了。至少，安排一个迭代来将它们（以及它们引起的警告信息）安全地移除掉。
- 如果将过去开发完成的方法标记为弃用方法，要记录当前用户应该采取何种变通之策，以及被弃用的方法将会在何时一起移除。

35

对问题各个击破

“逐行检查代码库中的代码确实很令人恐惧。但是要调试一个明显的错误，只有去查看整个系统的代码，而且要全部过一遍。毕竟你不知道问题可能发生在什么地方，这样做是找到它的唯一方式。”

单元测试（在第76页，第5章）带来的积极效应之一，是它会强迫形成代码的分层。要保证代码可测试，就必须把它从周边代码中解脱出来。如果代码依赖其他模块，就应该使用mock对象，来把它从其他模块中分离开。这样做不但让代码更加健壮，且在发生问题时，也更容易定位来源。

否则，发生问题时有可能无从下手。也许可以先使用调试器，逐行执行代码，并试图隔离问题。也许在进入到感兴趣的部分之前，要运行多个表单或对话框，这会导致更难发现问题的根源。你会发现自己陷入整个系统之中，徒然增加了压力，而且降低了工作效率。

大型系统非常复杂——在执行过程中会有很多因素起作用。从整个系统的角度来解决问题，就很难区分开，哪些细节对要定位的特定问题产生影响，而哪些细节没有。

答案很清晰：不要试图马上了解系统的所有细节。要想认真调试，就必须将有问题的组件或模块与其他代码库分离开来。如果有单元测试，这个目的就已经达到了。否则，你就得开动脑筋了。

比如，在一个时间紧急的项目中（哪个项目的时间不紧急呢），Fred和George发现他们面对的是一个严重的数据损毁问题。要花很多精力才能知道哪里出了问题，因为开发团队没有将数据库相关的代码与其他的应用代码分离开。他们无法将问题报告给软件厂商，当然不能把整个代码库用电子邮件发给人家！

于是，他们俩开发了一个小型的原型系统，并展示了类似的症状；然后将其发送给厂商作为实例，并询问他们的专家意见，使用原型帮助他们对问题理解得更清晰。

而且，如果他们*无法*在原型中再现问题的话，原型也能告诉他们可以工作的代码示例，这也有助于分离和发现问题。

识别复杂问题的第一步，是将它们分离出来。既然不可能在半空中试图修复飞机引擎，为什么还要试图在整个应用中，诊断其中某个组成部分的复杂问题呢？当引擎被从飞机中取出来，而且放在工作台上之后，就更容易修复了。同理，如果可以隔离出发生问题的模块，也更容易修复发生问题的代码。

用原型进行分离
Prototype to isolate

可是，很多应用的代码在编写时没有注意到这一点，使得分离变得特别困难。应用的各个构成部分之间会彼此纠结：想把这个部分单独拿出来，其他的会紧随而至。[①]在这些状况下，最好花一些时间把关注的代码提取出来，而且创建一个可让其工作的测试环境。

对问题各个击破，这样做有很多好处：通过将问题与应用其他部分隔离开，可以将关注点直接放在与问题相关的议题上；可以通过多种改变，来接近问题发生的核心——你不可能针对正在运行的系统来这样做。可以更快地发现问题的根源所在，因为只与所需最小数量的相关代码发生关系。

隔离问题不应该只在交付软件之后才着手。在构建系统原型、调试和测试时，各个击破的战略都可以起到帮助作用。

对问题各个击破。在解决问题时，要将问题域与其周边隔离开，特别是在大型应用中。

切身感受

面对必须要隔离的问题时，感觉就像在一个茶杯中寻找一根针，而不是大海捞针。

---

① 这被亲切地称为“大泥球”（Big Ball of Mud）设计反模式。

平衡的艺术

- 如果将代码从其运行环境中分离后，问题消失不见了，这有助于隔离问题。
- 另一方面，如果将代码从其运行环境中分离后，问题*还在*，这也有助于隔离问题。
- 以*二分查找*的方式来定位问题是很有用的。也就是说，将问题空间分为两半，看看哪一半包含问题。再将包含问题的一半进行二分，并不断重复这个过程。
- 在向问题发起攻击之前，先查找你的问题解决日志（见第129页习惯33）。

36

报告所有的异常

"不要让程序的调用者看到那些奇怪的异常。处理它们是你的责任。把你调用的一切都包起来，然后发送自己定义的异常——或者干脆自己解决掉。"

从事任何编程工作，都要考虑事物正常状况下是如何运作的。不过更应该想一想，当出现问题——也就是事情没有按计划进行时，会发生什么。

在调用别人的代码时，它也许会抛异常，这时我们可以试着对其处理，并从失败中恢复。当然，要是在用户没有意识到的情况下，可以恢复并继续正常处理流程，这就最好不过了。要是不能恢复，应该让调用代码的用户知道，到底是哪里出现了问题。

不过也不尽然。Venkat曾经在使用一个非常流行的开源程序库（这里就不提它的名字了）时倍受打击。他调用的一个方法本来应该创建一个对象，可是得到的却是`null`引用。涉及的代码量非常少，而且没有其他代码发生联系，也很简单。所以从他自己写的这块代码的角度来看，不太可能出问题，他摸不到一点头绪。

幸好这个库是开源的，所以他下载了源代码，然后带着问题检查了相关的方法。这个方法调用了另外的方法，那个方法认为他的系统中缺少了某些必要的组件。这个底层方法抛出了带有相关信息的异常。但是，上层方法却偷偷地用没有异常处理代码的空`catch`代码块，把异常给忽略掉了，然后就抛出一个`null`。Venkat所写的代码根本不知道到底发生了什么，只有通过阅读程序库的代码，他才能明白这个问题，并最后安装了缺失的组件。

像Java中那样的检查异常会强迫你捕捉异常，或是把异常传播出去。可是有些开发人员会采取临时的做法：捕捉到异常后，为了不看到编译器的提示，就把异常忽略掉。这样做很危险——临时的补救方式很容易被遗忘，并且会进入到生产系统的代码中。必须要处理所有的异常，倘若可以，从失败中恢复再好不过。如果不能处理，就要把异常传播到方法的调用者，这样调用者就可以尝试对其进行处理了（或者以优雅的方式将问题的信息告诉给用户，见习惯37）。

听起来很明白，是吧？其实不像想象得那么容易。不久前有一条新闻，提到一套大型航空订票系统中发生了严重的问题。系统崩溃，飞机停飞，上千名旅客滞留机场，整个航空运输系统数天之内都乱作一团。原因是什么？在一台应用服务器上发生了一个未检查异常。

也许你很享受CNN新闻上提到你名字的感觉，但是你不太可能希望发生这样的情形。

处理或是向上传播所有的异常。不要将它们压制不管，就算是临时这样做也不行。在写代码时要估计到会发生的问题。

切身感受

当出现问题时，心里知道能够得到抛出的异常。而且没有空的异常处理方法。

平衡的艺术

- 决定由谁来负责处理异常是设计工作的一部分。
- 不是所有的问题都应该抛出异常。
- 报告的异常应该在代码的上下文中有实际意义。在前述的例子中，抛出一个`NullPointerException`看起来也许不错，不过这就像抛出一个`null`对象一样，起不到任何帮助作用。
- 如果代码中会记录运行时调试日志，当捕获或是抛出异常时，都要记录日志信息；这样做对以后的跟踪工作很有帮助。
- 检查异常处理起来很麻烦。没人愿意调用抛出31种不同检查异常的方法。这是设计上的问题：要把它解决掉，而不是随便打个补丁就算了。
- 要传播不能处理的异常。

37

提供有用的错误信息

“不要吓着用户，吓程序员也不行。要提供给他们干净整洁的错误信息。要使用如下这样让人舒服的词句：‘用户错误。替换，然后继续。’”

当应用发布并且在真实世界中得到使用之后，仍然会发生这样那样的问题。比如计算模块可能出错，与数据库服务器之间的连接也可能丢失。当无法满足用户需求时，要以优雅的方式进行处理。

类似的错误发生时，是不是只要弹出一条优雅且带有歉意的信息给用户就足够了？并不尽然。当然了，显示通用的信息，告诉用户发生了问题，要好过由于系统崩溃造成应用执行错误的动作，或者直接关闭（用户会因此感到困惑，并希望知道问题所在）。然而，类似“出错了”这样的消息，无法帮助团队针对问题做出诊断。用户在给支持团队打电话报告问题时，我们希望他们提供足够多且好的信息，以帮助尽快识别问题所在。遗憾的是，用很通用的错误消息，是无法提供足够的数据的。

针对这个问题，常用的解决方案是记录日志：当发生问题时，让应用详细记录错误的相关数据。错误日志最起码应该以文本文件的形式维护。不过也许可以发布到一个系统级别的事件日志中。可以使用工具来浏览日志，产生所有日志信息的RSS Feed，以及诸如此类的辅助方式。

记录日志很有用，可是单单这样做是不够的：开发人员认真分析日志，可以得到需要的数据；但对于不幸的用户来说，起不到任何帮助作用。如果展示给他们类似下图中的信息，他们还是一点头绪都没有——不知道自己到底做错了什么，应该怎么做可以绕过这个错误，或者在给技术支持打电话时，应该报告什么。

如果你注意的话，在开发阶段就能发现这个问题的早期警告。作为开发人员，经常要将自己假定为用户来测试新功能。要是错误信息很难理解，或者无助于定位错误的话，就可以想想真正的用户和支持团队，遇到这个问题时会有多么困难了（见图7-2）。

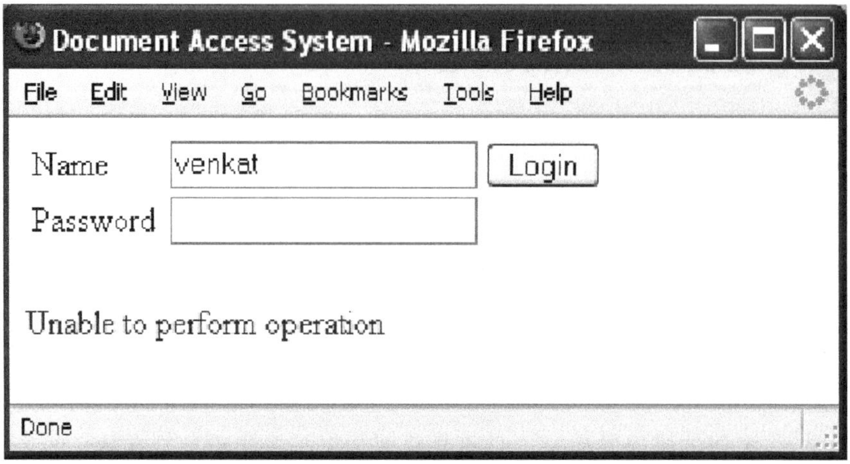

图7-2　无用的异常信息

例如，假定登录UI调用了应用的中间层，后台向数据访问层发送了一个请求。由于无法连接数据库，数据访问层抛出一个异常。这个异常被中间层用自己的异常包裹起来，并继续向上传递。那么UI层应该怎么做呢？它至少应该让用户知道发生了系统错误，而不是由用户的输入引起的。

接下来，用户会打电话并且告诉我们他无法登录。我们怎么知道问题的实质是什么呢？日志文件可能有上百个条目，要找到相关的细节非常困难。

实际上，不妨在显示给用户的信息中提供更多细节。好比说，可以看到是哪条SQL查询或存储过程发生了错误；这样可以很快找到问题并且修正，而不是浪费大把的时间去盲目地碰运气。不过另一方面，在生产系统中，向用户显示数据连接问题的特定信息，不会对他们有多大帮助。而且有可能吓他们一跳。

一方面要提供给用户清晰、易于理解的问题描述和解释，使他们有可能寻求变通之法。另一方面，还要提供具备关于错误的详细技术细节给用户，这样方便开发人员寻找代码中真正的问题所在。

下面是一种同时实现上述两个目的方式：图中显示了清晰的错误说明信息。该错误信息不只是简单的文本，还包括了一个超链接。用户、开发人员、测试人员都可以由此链接得到更多信息，如图7-3、图7-4所示。

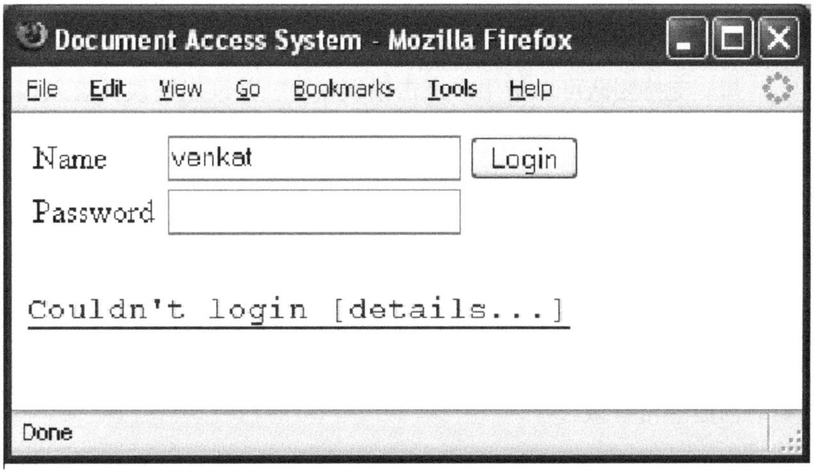

Document Access System - Mozilla Firefox

File Edit View Go Bookmarks Tools Help

Name venkat Login

Password

Couldn't login [details...]

Done

图7-3 带有更多细节链接的异常信息

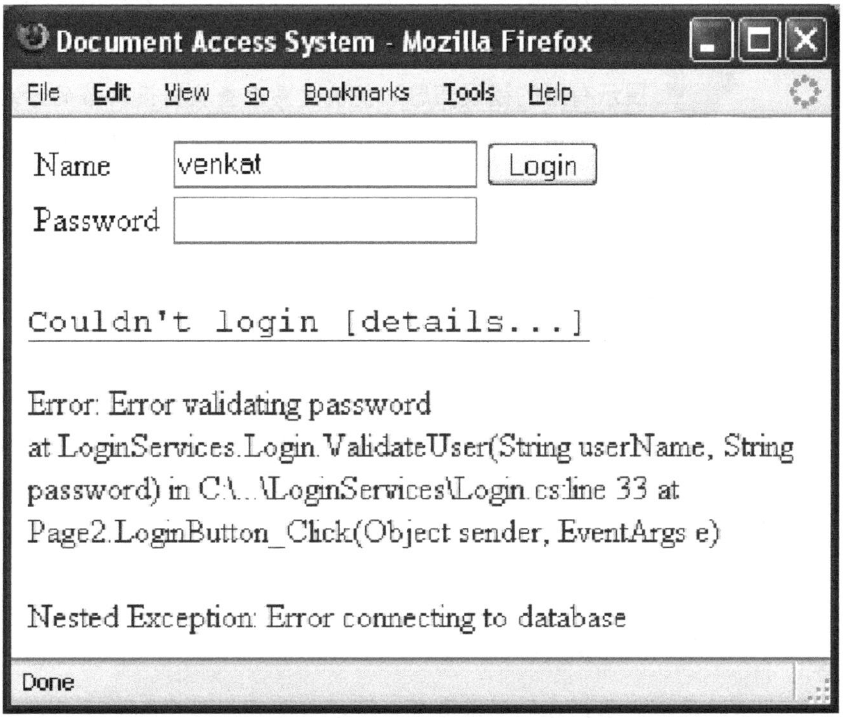

Document Access System - Mozilla Firefox

File Edit View Go Bookmarks Tools Help

Name venkat Login

Password

Couldn't login [details...]

Error: Error validating password
at LoginServices.Login.ValidateUser(String userName, String password) in C:\...\LoginServices\Login.cs:line 33 at Page2.LoginButton_Click(Object sender, EventArgs e)

Nested Exception: Error connecting to database

Done

图7-4 供调试用的完整详细信息

进入链接的页面，可以看到异常（以及所有嵌套异常）的详细信息。在开发时，我们可能希望只要看到这些细节就好了。不过，当应用进入生产系统后，就不能把这些底层细节直接暴露给用户了，而要提供链接，或是某些访问错误日志的入口。支持团队可以请用户点击错误信息，并读出错误日志入口的相关信息，这样支持团队可以很快找到错误日志中的特定细节。对于独立系统来说，点击链接，有可能会将错误信息通过电子邮件发送到支持部门。

除了包括出现问题的详细数据外，日志中记录的信息可能还有当时系统状态的一个快照（例如Web应用的会话状态）。[①]

使用上述信息，系统支持团队可以重建发生问题的系统状态，这样对查找和修复问题非常有效。

错误报告对于开发人员的生产率，以及最终的支持活动消耗成本，都有很大的影响。在开发过程中，如果定位和修复问题让人倍受挫折，就考虑使用更加积极主动的错误报告方式吧。调试信息非常宝贵，而且不易获得。不要轻易将其丢弃。

展示有用的错误信息。提供更易于查找错误细节的方式。发生问题时，要展示出尽量多的支持细节，不过别让用户陷入其中。

区分错误类型

程序缺陷。这些是真正的bug，比如NullPointerException、缺少主键等。用户或者系统管理员对此束手无策。

环境问题。该类别包括数据库连接失败，或是无法连接远程Web Service、磁盘空间满、权限不足，以及类似的问题。程序员对此没有应对之策，但是用户也许可以找到变通的方法，如果提供足够详细的信息，系统管理员应该可以解决这些问题。

用户错误。程序员与系统管理员不必担心这些问题。在告知是哪里操作的问题后，用户可以重新来过。

通过追踪记录报告的错误类型，可以为受众提供更加合适的建议。

① 有些安全敏感的信息不应该被暴露，甚至不可以记录到日志中去，这其中包括密码、银行账户等。

切身感受

错误信息有助于问题的解决。当问题发生时，可以详细研究问题的细节描述和发生上下文。

平衡的艺术

- 像“无法找到文件”这样的错误信息，就其本身而言无助于问题的解决。“无法打开/andy/project/main.yaml以供读取”这样的信息更有效。
- 没有必要等待抛出异常来发现问题。在代码关键点使用断言以保证一切正常。当断言失败时，要提供与异常报告同样详细的信息。
- 在提供更多信息的同时，不要泄露安全信息、个人隐私、商业机密，或其他敏感信息（对于基于Web的应用，这一点尤其重要）。
- 提供给用户的信息可以包含一个主键，以便于在日志文件或是审核记录中定位相关内容。

第8章

敏捷协作

我不仅发挥了自己的全部能力，还将我所仰仗的人的能力发挥到极致。

——伍德罗·威尔逊，美国第28任总统（1856—1924）

只要是具备一定规模的项目，就必然需要一个团队。靠单打独斗在车库里面开发出一个完整产品的日子早已不再。然而，在团队中工作与单兵作战，二者是完全不同的。一个人会突然发现，自己的行为会对团队以及整个项目的生产效率和进度产生影响。

项目的成功与否，依赖于团队中的成员如何一起有效地工作，如何互动，如何管理他们的活动。全体成员的行动必须要与项目相关，反过来每个人的行为又会影响项目的环境。

高效的协作是敏捷开发的基石，下面这些习惯将会帮助所有的团队成员全心投入到项目中，并且大家一起向着正确的方向努力。

首先要做的是**定期安排会面时间**，见第148页。面对面的会议仍然是最有效的沟通方式，所以我们将以此作为本章的开篇。接下来，希望每个人都能投入到开发过程中来。也就是说**架构师必须写代码**（我们会在第152页看到为什么要这样做）。既然整个团队都是项目工作的一部分，我们希望**实行代码集体所有制**（见第155页），以保证任何团队成员的缺席不会对项目造成影响。这就是协作的效果，还记得吗？

但是高效的协作并不只是写出代码就好了。随着时间的流逝，团队中每个人都要强化和提高他们的技能，并且推进各自的职业发展。即使一个人刚刚加入团队，他也可以**成为指导者**，将会在第157页谈到应该怎么做。团队中一个人的知识，经常可以解决另外一名团队成员的问题。只要**允许大家自己想办法**，就可以帮助团队不断成长，就像在第160页上看到的那样。

最后，由于大家都是在团队中一起工作，每个人就要修改自己的个人编码习惯，来适应团队的其他成员。对于初学者来说，**准备好后再共享代码**才是有礼貌的做法（见第162页），这样才不会用未完成的工作来给团队成员造成麻烦。当准备好之后，我们应该与其他团队成员一起**做代码复查**（见第165页）。随着项目的推进，我们会不断地完成旧任务，并且领取新任务。应该**及时通报进展与问题**，让大家了解彼此的进度、遇到的问题，以及在开发过程中发现的有意思的东西。我们将在第168页讨论该习惯并结束本章。

定期安排会面时间

“会议安排得越多越好。实际上，我们要安排更多的会议，直到发现为什么工作总是完不成。”

也许你个人很讨厌开会，但是沟通是项目成功的关键。我们不只要跟客户谈话，还应该与开发人员进行良好的沟通。要知道其他人在做什么——如果Bernie知道如何解决你的问题，你肯定希望早点搞清楚她是怎么做的，不是吗？

立会（站着开的会议，Scrum最早引入并被极限编程所强调的一个实践）是将团队召集在一起，并让每个人了解当下进展状况的好办法。顾名思义，参与者们不允许在立会中就坐，这可以保证会议快速进行。一个人坐下来之后，会由于感到舒适而让会议持续更长的时间。

Andy曾遇到一个客户，他和Dave Thomas通过电话远程参与客户的站立会议。一切都看起来很顺利，直到有一天，会议时间比平时多了一倍。你猜怎么着？客户那边，与会者都挪到了会议室，舒舒服服地坐在扶椅上开会。

坐着开的会议通常会持续更久，大部分人不喜欢站着进行长时间的谈话。

要保证会议议题不会发散，每个人都应该只回答下述三个问题。

- 昨天有什么收获？
- 今天计划要做哪些工作？
- 面临着哪些障碍？

只能给予每个参与者很少的时间发言（大约两分钟）。也许要用计时器来帮助某些收不住话头的人。如果要详细讨论某些问题，可以在立会结束之后，再召集相关人员（在会议中说“我需要跟Fred和Wilma讨论一下数据库”是没有问题的，但是不要深入讨论细节）。

通常，立会都是在每个工作日的早些时候，且大家都在上班时举行。但是不要把它安排为上班后的第一件事。要让大家有机会从刚才混乱的交通状况中恢复状态，喝点咖啡，删除一些垃圾邮件什么的。要保证会议结束后有足够的时间，让大家在午餐之前做不少工作，同时也不要开始得过早，让每个人都巴不得赶紧结束会议，去喝点东西。一般来说，在大家到公司之后的半个小时到一个小时之内举行，是个不错的选择。

猪与鸡

Scrum将团队成员与非团队成员这两种角色命名为猪和鸡。团队成员是猪（自尊何在啊），非团队成员（管理层、支持人员、QA等）是鸡。这两个用语来自一个寓言，讲的是农场里的动物们打算一起开饭店，并且准备用熏肉和鸡蛋作为早餐提供。对于鸡来说，当然是要参与进来了，可对于猪来讲，可就是放血投入了。

只有“猪”才允许参与Scrum的每日立会。

参加会议的人要遵守一些规则，以保证彼此不会分神，而且会议也不会跑题。这些规则有：只有团队成员——开发人员、产品所有者和协调者可以发言（查看上面对“猪”和“鸡”的描述）。他们必须回答上面的3个问题，而且不能展开深入讨论（讨论可以安排在会后进行）。管理层可以把要解决的问题记下来，但是不能试图将会议从每个人要回答的三个问题引开。

每日立会有诸多好处。

- 让大家尽快投入到一天的工作中来。
- 如果某个开发人员在某一点上有问题，他可以趁此机会将问题公开，并积极寻求帮助。
- 帮助团队带头人或管理层了解哪些领域需要更多的帮助，并重新分配人手。
- 让团队成员知道项目其他部分的进展情况。
- 帮助团队识别是否在某些东西上有重复劳动而耗费了精力，或者是不是某个问题有人已有现成的解决方案。
- 通过促进代码和思路的共享，来提升开发速度。
- 鼓励向前的动力：看到别人报告的进度都在前进，会对彼此形成激励。

> **使用厨房计时器**
>
> 开发者Nancy Davis告诉我们她使用厨房计时器召开立会的经验。
>
> “我们使用了妹妹去年圣诞节送给我的一个厨房计时器。它在运行时不会发出‘嘀哒’的声音，只会在时间到达后发出‘叮’的一声。如果计时器停止了，我们就再加两分钟，并让下一个成员发言。有时会忘掉计时器的存在，并让会议持续需要的时间，但是大部分情况下，我们都会遵守计时器的提醒。”

采取立会的形式需要管理层的承诺和参与。不过，团队中的开发人员可以帮助推行这个实践。如果开发人员无法说服管理层的参与，他们自己可以用非正式的形式召开立会。

使用立会。立会可以让团队达成共识。保证会议短小精悍不跑题。

切身感受

大家都盼望着立会。希望彼此了解各自的进度和手上的工作，而且不怕把各自遇到的问题拿出来公开讨论。

平衡的艺术

- 会议会占用开发时间，所以要尽量保证投入的时间有较大的产出。立会的时间最长不能超出30分钟，10~15分钟比较理想。
- 如果要使用需提前预定的会议室，就把预定的时间设定为一个小时吧。这样就有机会在15分钟的立会结束后，马上召开更小规模的会议。
- 虽然大多数团队需要每天都碰头，但对于小型团队来说，这样做可能有点过头了。不妨两天举行一次，或者一周两次，这对小团队来说足够了。
- 要注意报告的细节。在会议中要给出具体的进度，但是不要陷入细节之中。例如，“我在开发登录页面”就不够详细。“登录页面目前接受guest/guest作为登录用户名和密码，我明天会连接数据库来做登录验证”，这样的详细程度才行。

- 迅速地开始可以保证会议短小。不要浪费时间等着会议开始。
- 如果觉得立会是在浪费时间，那可能是大家还没有形成真正的团队意识。这并不是坏事，有利于针对问题进行改进。

架构师必须写代码

“我们的专家级架构师Fred会提供设计好的架构，供你编写代码。他经验丰富，拿的薪水很高，所以不要用一些愚蠢的问题或者实现上的难点来浪费他的时间。”

不可能在PowerPoint幻灯片中进行编程
You can't code in PowerPoint

软件开发业界中有许多挂着架构师称号的人。作为作者的我们不喜欢这个称号，为什么呢？架构师应该负责设计和指导，但是许多名片上印着“架构师”的人配不上这个称号。作为架构师，不应该只是画一些看起来很漂亮的设计图，说一些像“黑话”一样的词汇，使用一大堆设计模式——这样的设计通常不会有效的。

这些架构师通常在项目开始时介入，绘制各种各样的设计图，然后在重要的代码实现开始之前离开。有太多这种“PowerPoint架构师”了，由于得不到反馈，他们的架构设计工作也不会有很好的收效。

一个设计要解决的是眼前面临的特定问题，随着设计的实现，对问题的理解也会发生改变。想在开始实现之前，就做出一个很有效的详细设计是非常困难的（见第48页习惯11）。因为没有足够的上下文，能得到的反馈也很少，甚至没有。设计会随着时间而演进，如果忽略了应用的现状（它的具体实现），要想设计一个新的功能，或者完成某个功能的提升是不可能的。

作为设计人员，如果不能理解系统的具体细节，就不可能做出有效的设计。只通过一些高度概括的、粗略的设计图无法很好地理解系统。

这就像是尝试仅仅通过查看地图来指挥一场战役——一旦开打，仅有计划是不够的。战略上的决策也许可以在后方进行，但是战术决策——影响成败的决策需要对战场状况的明确了解。[1]

---

① 第一次世界大战中，所门战役（the Battle of the Somme）本应成为一个有决定性意义的突破。实际上，它却成为了20世纪最愚蠢的军事行动。最重要的原因是，由于断绝了通信联系，面对的战场情况与早先的预测已经完全不同了，指挥官仍然坚持按照原计划展开战役。请查看http://www.worldwar1.com/sfsomme.htm。

可 逆 性

《程序员修炼之道》中指出不存在所谓的最终决策。没有哪个决策做出之后就是板上钉钉了。实际上，就时间性来看，不妨把每个重要的决策，都看作沙上堆砌的城堡，它们都是在变化之前所做出的预先规划。

新系统的设计者

新系统的设计者必须要亲自投入到实现中去。

——Donald E. Knuth①

正像Knuth说的，好的设计者必须能够卷起袖子，加入开发队伍，毫不犹豫地参与实际编程。真正的架构师，如果不允许参与编码的话，他们会提出强烈的抗议。

有一句泰米尔谚语说："只有一张蔬菜图无法做出好的咖喱菜。"与之类似，纸上的设计也无法产生优秀的应用。应该根据设计开发出原型，经过测试，当然还有验证——它是要演化的。实现可用的设计，这是设计者或者说架构师的责任。

Martin Fowler在题为"Who Needs an Architect?"②的文章中提到：一个真正的架构师"……应该指导开发团队，提升他们的水平，以解决更为复杂的问题"。他接着说："我认为架构师最重要的任务是：通过找到移除软件设计不可逆性的方式，从而去除所谓架构的概念。"增强可逆性是注重实效的软件实现方式的关键构成部分。

要鼓励程序员参与设计。主力程序员应该试着担任架构师的角色，而且可以从事多种不同的角色。他会负责解决设计上的问题，同时也不会放弃编码的工作。如果开发人员不愿意承担设计的责任，要给他们配备一个有良好设计能力的人。程序员在拒绝设计的同时，也就放弃了思考。

优秀的设计从积极的程序员那里开始演化。积极的编程可以带来深入的理解。不要使用不愿意编程的架构师——不知道系统的真实情况，是无法展开设计的。

---

① 计算机科学大师，图灵奖得主，经典著作《计算机程序设计艺术》作者。——编者注

② http://www.martinfowler.com/ieeesoftware/whoNeedsArchitect.pdf。

切身感受

架构、设计、编码和测试，这些工作给人的感觉就像是同一个活动——开发的不同方面。感觉它们彼此之间应该是不可分割的。

平衡的艺术

- 如果有一位首席架构师，他可能没有足够的时间来参与编码工作。还是要让他参与，但是别让他开发在项目关键路径上的、工作量最大的代码。
- 不要允许任何人单独进行设计，特别是你自己。

40 实行代码集体所有制

“不用担心那个烦人的bug，Joe下周假期结束回来后会把它解决掉的。在此之前先想个权宜之计应付一下吧。”

任何具备一定规模的应用，都需要多人协作进行开发。在这种状况下，不应该像国家宣称对领土的所有权一样，声明个人对代码的所有权。任何一位团队成员，只要理解某段代码的来龙去脉，就应该可以对其进行处理。如果某一段代码只有一位开发人员能够处理，项目的风险无形中也就增加了。

相比找出谁的主意最好、谁的代码实现很烂而言，解决问题，并让应用满足用户的期望要更为重要。

当多人同时开发时，代码会被频繁地检查、重构以及维护。如果需要修复bug，任何一名开发人员都可以完成这项工作。同时有两个或两个以上的人，可以处理应用中不同部分的代码，可以让项目的日程安排也变得更为容易。

在团队中实行任务轮换制，让每个成员都可以接触到不同部分的代码，可以提升团队整体的知识和专业技能。当Joe接过Sally的代码，他可以对其进行重构，消除待处理的问题。在试图理解代码的时候，他会问些有用的问题，尽早开始对问题领域的深入理解。

另一方面，知道别人将会接过自己的代码，就意味着自己要更守规矩。当知道别人在注意时，一定会更加小心。

可能有人会说，如果一个开发者专门应对某一个领域中的任务，他就可以精通该领域，并让后续的开发任务更加高效。这没错，但是眼光放长远一点，有好几双眼睛盯着某一段代码，是一定可以带来好处的。这样可以提升代码的整体质量，使其易于维护和理解，并降低出错率。

要强调代码的集体所有制。让开发人员轮换完成系统不同领域中不同模块的不同任务。

切身感受

项目中绝大部分的代码都可以轻松应对。

平衡的艺术

- 不要无意间丧失了团队的专家技能。如果某个开发人员在某个领域中极其精通，不妨让他作为这方面的驻留专家，而且系统的其他部分代码也对他开放，这样对团队和项目都很有帮助。
- 在大型项目中，如果每个人都可以随意改变任何代码，一定会把项目弄得一团糟。代码集体所有制并不意味着可以随心所欲、到处破坏。
- 开发人员不必了解项目每一部分的每个细节，但是也不能因为要处理某个模块的代码而感到惊恐。
- 有些场合是不能采用代码集体所有制的。也许代码需要某些特定的知识、对特定问题域的了解，比如一个高难度的实时控制系统。这些时候，人多了反而容易误事。
- 任何人都可能遭遇到诸如车祸等突发的灾难事故，或者有可能被竞争对手雇佣。如果不向整个团队分享知识，反而增加了丧失知识的风险。

41 成为指导者

“你花费了大量的时间和精力，才达到目前的水平。对别人要有所保留，这样让你看起来更有水平。让队友对你超群的技能感到恐惧吧。”

我们有时会发现自己在某些方面，比其他团队成员知道得更多。那要怎么对待这种新发现的“权威地位”呢？当然，可以用它来质疑别人，取笑他人做出的决策和开发的代码——有些人就是这样做的。不过，我们可以共享自己的知识，让身边的人变得更好。

教学相长
Knowledge grows when given

> 好的想法不会因为被许多人了解而削弱。当我听到你的主意时，我得到了知识，你的主意也还是很棒。同样的道理，如果你用你的蜡烛点燃了我的，我在得到光明的同时，也没有让你的周围变暗。好主意就像火，可以引领这个世界，同时不削弱自己。①

与团队其他人一起共事是很好的学习机会。知识有一些很独特的属性；假设你给别人钱的话，最后你的钱会变少，而他们的财富会增多。但如果是去教育别人，那双方都可以得到更多的知识。

通过详细解释自己知道的东西，可以使自己的理解更深入。当别人提出问题时，也可以发现不同的角度。也许可以发现一些新技巧——听到一个声音这样告诉自己：“我以前还没有这样思考过这个问题。”

与别人共事，激励他们变得更出色，同时可以提升团队的整体实力。遇到无法回答的问题时，说明这个领域的知识还不够完善，需要在这方面进一步增强。好的指导者在为他人提供建议时会做笔记。如果遇到需要花时间进一步观察和思考的问题，不妨先草草记录下来。此后将这些笔记加入到每日日志中（见第129页习惯33）。

成为指导者，并不意味着要手把手教团队成员怎么做（见第160页习惯42），也不

① 托马斯·杰弗逊，美国第三任总统，独立宣言起草人。

是说要在白板前进行讲座，或是开展小测验什么的，可以在进行自备午餐会时展开讨论。多数时候，成为指导者，是指在帮助团队成员提升水平的同时也提高自己。

这个过程不必局限于自己的团队。可以开设个人博客，贴一些代码和技术在上面。不一定是多么伟大的项目，即使是一小段代码和解释，对别人也可能是有帮助的。

成为指导者意味着要分享——而不是固守——自己的知识、经验和体会。意味着要对别人的所学和工作感兴趣，同时愿意为团队增加价值。一切都是为了提高队友和你的能力与水平，而不是为了毁掉团队。

然而，努力爬到高处，再以蔑视的眼神轻视其他人，这似乎是人类本性。也许在没有意识到的情况下，沟通的障碍就已经建立起来了。团队中的其他人可能出于畏惧或尴尬，而不愿提出问题，这样就无法完成知识的交换了。这类团队中的专家，就像是拥有无数金银财宝的有钱人，却因健康原因无福享受。我们要成为指导别人的人，而不是折磨别人的人。

成为指导者。分享自己的知识很有趣——付出的同时便有收获。还可以激励别人获得更好的成果，而且提升了整个团队的实力。

切身感受

你会感到给予别人教导，也是提升自己学识的一种方式，并且其他人亦开始相信你可以帮助他们。

平衡的艺术

- 如果一直在就同一个主题向不同的人反复阐述，不妨记录笔记，此后就此主题写一篇文章，甚至是一本书。
- 成为指导者是向团队进行投资的一种极佳的方式。（见第31页习惯6。）

- 结对编程（见第165页习惯44）是一种进行高效指导的、很自然的环境。
- 如果总是被一些懒于自己寻找答案的人打扰（查看下一页习惯42）。
- 为团队成员在寻求帮助之前陷入某个问题的时间设定一个时限，一个小时应该是不错的选择。

允许大家自己想办法

“你这么聪明，直接把干净利落的解决方案告诉团队其他人就好了。不用浪费时间告诉他们为什么这样做。”

“授人以鱼，三餐之需；授人以渔，终生之用。”告诉团队成员解决问题的方法，也要让他们知道如何解决问题的思路，这也是成为指导者的一部分。

了解上个实践——*成为指导者*——之后，也许有人会倾向于直接给同事一个答案，以继续完成工作任务。要是只提供一些指引给他们，让他们自己想办法找到答案，又会如何？

这并不是多么麻烦的事情；不要直接给出像“42”这样的答案，应该问你的队友：“你有没有查看在事务管理者与应用的锁处理程序之间的交互关系？”

这样做有下面几点好处。

- 你在帮助他们学会如何解决问题。
- 除了答案之外，他们可以学到更多东西。
- 他们不会再就类似的问题反复问你。
- 这样做，可以帮助他们在你不能回答问题时自己想办法。
- 他们可能想出你没有考虑到的解决方法或者主意。这是最有趣的——你也可以学到新东西。

如果有人还是没有任何线索，那就给更多提示吧（或者甚至是答案）。如果有人提出来某些想法，不妨帮他们分析每种想法的优劣之处。如果有人给出的答案或解决方法更好，那就从中汲取经验，然后分享你的体会吧。这对双方来说都是极佳的学习经验。

作为指导者，应该鼓励、引领大家思考如何解决问题。第20页提到过亚里士多德的话：“能欣赏自己并不接受的想法，表明你的头脑足够有学识。”应该接纳别人的想法和看问题的角度，在这个过程中，自己的头脑也得到了拓展。

如果整个团队都能够采纳这样的态度，可以发现团队的知识资本在快速提升，而且将会完成一些极其出色的工作成果。

给别人解决问题的机会。指给他们正确的方向，而不是直接提供解决方案。每个人都能从中学到不少东西。

切身感受

感觉不是在以填鸭式的方式给予别人帮助。不是有意掩饰，更非讳莫如深，而是带领大家找到自己的解决方案。

平衡的艺术

- 用问题来回答问题，可以引导提问的人走上正确的道路。
- 如果有人真的陷入胶着状态，就不要折磨他们了。告诉他们答案，再解释为什么是这样。

准备好后再共享代码

“别管是不是达到代码签入的要求，要尽可能频繁地提交代码，特别是在要下班的时候。”

让你猜个谜语：相对不使用版本控制系统，更坏的状况是什么？答案是：错误地使用了版本控制系统。使用版本控制系统的方式，会影响生产力、产品稳定性、产品质量和开发日程。特别地，诸如代码提交频率这样简单的东西都会有很大影响。

完成一项任务后，应该马上提交代码，不应该让代码在开发机器上多停留一分钟。如果代码不能被别人集成使用，那又有什么用处呢？应该赶紧发布出去，并开始收集反馈。[①]

很明显，每周或每月一次提交代码，并不是令人满意的做法——这样源代码控制系统就不能发挥其作用了。也许总有种种原因来为这种懒散的做法解释。有人说开发人员是采取异地开发（off-site）或离岸开发（offshore）的方式，访问源代码控制系统的速度很慢。这就是**环境黏性**（environmental viscosity）的例子——把事情做糟要比做好更容易。很明显，这是一个亟待解决的简单技术问题。

另一方面，如果在任务完成之前就提交代码又会如何？也许你正在开发一些至关重要的代码，而且你想在下班回家晚饭之后再继续开发。要想在家里得到代码，最简单的方式就是将其提交到源代码控制系统，到家之后再把代码签出。

向代码库中提交仍在开发的代码，会带来很多风险。这些代码可能还有编译错误，或者对其所做的某些变化与系统其他部分的代码不兼容。当其他开发者获取最新版本的代码时，也会受到这些代码的影响。

通常情况下，提交的文件应该与一个特定的任务或是一个bug的解决相关。而且应该是同时提交相关的文件，并注有日志信息，将来也能够知道修改了哪些地方，

① 而且，不应该将仅有的一份代码保存在只有“90天有限质保”的硬盘中。

以及为什么要做修改。一旦需要对变更采取回滚操作，这种“原子”提交也是有帮助的。

要保证在提交代码之前，所有的单元测试都是可以通过的。使用持续集成是保证源代码控制系统中代码没有问题的一种良好方式。

代码不执行提交操作的其他安全选择

如果需要将尚未完成的源代码传输或是保存起来，有如下选择。

使用远程访问。将代码留在工作地点，然后在家里使用远程访问获取，而不是将完成了一半的代码提交，再从家里签出。

随身携带。将代码复制到U盘、CD或DVD中，以达到异地开发的目的。

使用带有底座扩展的笔记本电脑。如果是由于在多台电脑上开发造成的延续性问题，不妨考虑使用带有底座扩展的笔记本电脑，这样就可以带着代码到处走了。

使用源代码控制系统的特性。Microsoft Visual Team System 2005有一个“shelving”特性，因为有些产品的某些代码在提交之前，需要被其他部分调用。在CVS和Subversion中，可以将尚未允许合并到主干的代码，设定为开发者的分支（查看[TH03]和[Mas05]）。

准备好后再共享代码。绝不要提交尚未完成的代码。故意签入编译未通过或是没有通过单元测试的代码，对项目来说，应被视作玩忽职守的犯罪行为。

切身感受

感觉好像整个团队就在源代码控制系统的另一端盯着你。要知道一旦提交代码，别人就都可以访问了。

平衡的艺术

- 有些源代码控制系统会区分“提交”和“可公开访问”两种代码权限。此时，可以进行临时的提交操作（比如在工作地点和家之间来回奔波时），不会因为完全提交未完成的代码，而让团队的其他成员感到郁闷。

- 有些人希望代码在提交之前可以进行复查操作。只要不会过久拖延提交代码的时间就没有问题。如果流程的某个部分产生了拖延，那就修正流程吧。
- 仍然应该频繁提交代码。不能用“代码尚未完成”作为避免提交代码的借口。

44 做代码复查

"用户是最好的测试人员。别担心——如果哪里出错了，他们会告诉我们的。"

代码刚刚完成时，是寻找问题的最佳时机。如果放任不管，它也不会变得更好。

> **代码复查和缺陷移除**
>
> 要寻找深藏不露的程序bug，正式地进行代码检查，其效果是任何已知形式测试的两倍，而且是移除80%缺陷的唯一已知方法。
>
> ——Capers Jones的《估算软件成本》[Jon98]

正如Capers Jones指出的，代码复查或许是找到并解决问题的最佳方式。然而，有时很难说服管理层和开发人员使用它来完成开发工作。

管理层担心进行代码复查所耗费的时间。他们不希望团队停止编码，而去参加长时间的代码复查会议。开发人员对代码复查感到担心，允许别人看他们的代码，会让他们有受威胁的感觉。这影响了他们的自尊心。他们担心在情感上受到打击。

作者参与过的项目中，只要实施了代码复查，其成果都是非常显著的。

Venkat最近参与了一个日程安排非常紧凑的项目，团队不少成员都是没有多少经验的开发者。通过严格的代码复查过程，他们可以提交质量极高而且稳定的代码。当开发人员完成某项任务的编码和测试后，在签入源代码控制系统之前，会有另一名开发人员对代码做彻底的复查。

这个过程修复了很多问题。噢，代码复查不只针对初级开发者编写的代码——团队中每个开发人员的代码都应该进行复查，无论其经验丰富与否。

那该如何进行代码复查呢？可以从下面这些不同的基本方式中进行选择。

- **通宵复查。**可以将整个团队召集在一起，预定好美食，每个月进行一次"恐怖的代码复查之夜”。但这可能不是进行代码复查最有效的方式（而且听起来也不太敏捷）。大规模团队的复查会议很容易陷入无休止的讨论之中。大范围的复查不仅没有必要，而且有可能对整个流程造成损害。我们不建议这种方式。

- **捡拾游戏**。当某些代码编写完成、通过编译、完成测试，并已经准备签入时，其他开发人员就可以“捡拾”起这些代码开始复查。类似的“提交复查”是一种快速而非正式的方式，保证代码在提交之前是可以被接受的。为了消除行为上的惯性，要在开发人员之间进行轮换。比如，如果Joey的代码上次是由Jane复查的，这次不妨让Mark来复查。这是一种很有效的技术。①
- **结对编程**。在极限编程中，不存在一个人独立进行编码的情况。编程总是成对进行的：一个人在键盘旁边（担任司机的角色），另一个人坐在后面担任导航员。他们会不时变换角色。有第二双眼睛在旁边盯着，就像是在进行持续的代码复查活动，也就不必安排单独的特定复查时间了。

在代码复查中要看什么呢？你可能会制订出要检查的一些特定问题列表（所有的异常处理程序不允许空，所有的数据库调用都要在包的事务中进行，等等），不过这里是一个可供启动的最基本的检查列表。

- 代码能否被读懂和理解？
- 是否有任何明显的错误？
- 代码是否会对应用的其他部分产生不良影响？
- 是否存在重复的代码（在复查的这部分代码中，或是在系统的其他部分代码）？
- 是否存在可以改进或重构的部分？

此外，还可以考虑使用诸如Similarity Analyzer或Jester这样的代码分析工具。如果这些工具产生的静态分析结果对项目有帮助，就把它们集成到持续构建中去吧。

复查所有的代码。对于提升代码质量和降低错误率来说，代码复查是无价之宝。如果以正确的方式进行，复查可以产生非常实用而高效的成果。要让不同的开发人员在每个任务完成后复查代码。

① 要了解这种方式的更多细节，查看《软件项目成功之道》[RG05]一书。

切身感受

代码复查随着开发活动持续进行，而且每次针对的代码量相对较少。感觉复查活动就像是项目正在进行的一部分，而不是一种令人畏惧的事情。

平衡的艺术

- 不进行思考、类似于橡皮图章一样的代码复查没有任何价值。
- 代码复查需要积极评估代码的设计和清晰程度，而不只是考量变量名和代码格式是否符合组织的标准。
- 同样的功能，不同开发人员的代码实现可能不同。差异并不意味着不好。除非你可以让某段代码明确变得更好，否则不要随意批评别人的代码。
- 如果不及时跟进讨论中给出的建议，代码复查是没有实际价值的。可以安排跟进会议，或者使用代码标记系统，来标识需要完成的工作，跟踪已经处理完的部分。
- 要确保代码复查参与人员得到每次复查活动的反馈。作为结果，要让每个人知道复查完成后所采取的行动。

45 及时通报进展与问题

“管理层、项目团队以及业务所有方，都仰仗你来完成任务。如果他们想知道进展状况，会主动找你要的。还是埋头继续做事吧。”

接受一个任务，也就意味着做出了要准时交付的承诺。不过，遇到各种问题从而导致延迟，这种情形并不少见。截止日期来临，大家都等着你在演示会议上展示工作成果。如果你到会后通知大家工作还没有完成，会有什么后果？除了感到窘迫，这对你的事业发展也没有什么好处。

如果等到截止时间才发布坏消息，就等于是为经理和技术主管提供了对你进行微观管理（micromanagement）的机会。他们会担心你再次让他们失望，并开始每天多次检查你的工作进度。你的生活就开始变得像呆伯特的漫画一样了。

假定现在你手上有一个进行了一半的任务，由于技术上的难题，看起来不能准时完成了。如果这时积极通知其他相关各方，就等于给机会让他们提前找出解决问题的方案。也许他们可以向另外的开发人员寻求帮助，也许他们可以将工作重新分配给更加熟悉相关技术的人，也许他们可以提供更多需要的资源，或者调整目前这个迭代中要完成的工作范围。客户会愿意将这个任务用其他同等重要的任务进行交换的。

及时通报进展与问题，有情况发生时，就不会让别人感到突然，而且他们也很愿意了解目前的进展状况。他们会知道何时应提供帮助，而且你也获得了他们的信任。

发送电子邮件，用即时贴传递信息，或快速电话通知，这都是通报大家的传统方式。还可以使用Alistair Cockburn提出的“信息辐射器”。[①] 信息辐射器类似于墙上的海报，提供变更的信息。路人可以很方便地了解其中的内容。以推送的方式传递信息，他们就不必再来问问题了。信息辐射器中可以展示目前的任务进度，和团队、管理层或客户可能会感兴趣的其他内容。

① 查看http://c2.com/cgi-bin/wiki?InformationRadiator。

也可以使用海报、网站、Wiki、博客或者RSS Feed。只要让人们可以有规律地查看到需要的信息，这就可以了。

整个团队可以使用信息辐射器来发布他们的状态、代码设计、研究出的好点子等内容。现在只要绕着团队的工作区走一圈，就可以学到不少新东西，而且管理层也就可以知道目前的状况如何了。

及时通报进展与问题。发布进展状况、新的想法和目前正在关注的主题。不要等着别人来问项目状态如何。

切身感受

当经理或同事来询问工作进展、最新的设计，或研究状况时，不会感到头痛。

平衡的艺术

- 每日立会（见第148页习惯38）可以让每个人都能明确了解最新的进展和形势。
- 在展示进度状况时，要照顾到受众关注的细节程度。举例来说，CEO和企业主是不会关心抽象基类设计的具体细节的。
- 别花费太多时间在进展与问题通报上面，还是应该保证开发任务的顺利完成。
- 经常抬头看看四周，而不是只埋头于自己的工作。

第9章 尾声：走向敏捷

一灯能除千年暗，一智能灭万年愚。

——慧能，中国禅宗第6代祖师

一点智慧，只要有它便足够了。我们希望大家喜欢对这些敏捷实践的描述，而且其中有一到两个可以点燃诸位智慧的火花。

无论经验是否丰富，不管过去有什么样的成功，遇到过什么样的挑战，只要进行一个新的实践，就可以让人头脑清醒，并让你的工作与生活从此发生改变。使用这些实践的子集，能够救濒临失败的项目于水火，也可以使得从此往后的项目变得完全不同。

9.1 只要一个新的习惯

举个例子，看看Andy曾经服务过的一个客户的故事。他们的办公室位于一座具有玻璃外墙的、高耸的写字楼中，团队的办公室沿着外墙排列，形成一条优雅的曲线。每个人都能看到窗外的风景，整个团队的分布几乎占用了楼层一半的墙内空间。但是这个团队有不少问题：版本发布总在延期，团队逐渐失去了对不断增多的bug的控制。

按照通常的工作方式，Andy和注重实效的程序员们，坐在办公室的一端，开始对团队进行访谈，以了解他们的工作是如何开展的，有哪些进展顺利，哪些构成了障碍。第一位成员解释说，他们在开发一个C/S应用，客户端非常瘦，所有的业务逻辑和数据库访问都放在服务器一端。

然而，随着访谈的不断进行，故事却慢慢发生了变化。每个人对项目的方向和目标的了解都有所偏差。最终，最后一个成员骄傲地宣称：系统的构成包括一个包含全部GUI和业务逻辑的胖客户端，以及仅仅包含一个简单数据库的服务器！

现在问题就很清楚了，团队从来没有坐在一起讨论过项目。实际上，每位成员仅仅与坐在旁边的人有过谈论。就像是学校里的孩子们玩过的“传话”游戏，信息在人与人之间传递时产生了偏差，最终偏离了本意。

需要哪种有实效的建议？马上开始使用立会吧（见第148页习惯38）。这种做法很快就收到了令人惊异的效果。不只很快解决了架构上的问题，而且产生了更深远的影响。团队开始变得更有凝聚力，彼此紧密配合，共同工作。bug产生率降低了，产品变得越来越稳定，截止日期也不再像以前那样令人窒息。

没有花费太多时间，也没有耗费多少精力，只需要一些规矩来保证立会的举行，不过这很快就形成习惯了。**只要一个新的习惯**，就让团队发生了巨大的变化。

9.2　拯救濒临失败的项目

如果采纳一个习惯可以产生好的效果，那么采纳所有的习惯，就应该产生更好的影响，是吗？最终一定是这样的，但是不能一下子全部上马——特别是对一个已经处于困境的项目。突然改变某个项目的*全部*开发习惯，是让项目突然死亡的最佳方式。

用一个医学上的比喻，假定有一个胸部疼痛的病人。当然，如果病人经常运动而且保持健康饮食的话，他们不会生病。但是不能因此就马上说：“别赖在床上了，爬起来开始在跑步机上运动吧。”这有可能要了病人的命，而且你的渎职保险赔偿率一定会升高。

必须要稳定病人的状况，并使用最小剂量的（但是必要的）药物和治疗过程。只有在病人身体状况恢复且趋于稳定之后，才能让他按照良好的饮食起居制度来安排自己的生活，保证身体的健康。

当项目岌岌可危时，应该先引入一系列习惯来稳定目前的状况。看这个例子：一个潜在的客户曾经以惊恐的声调打电话给Venkat，说他们的项目陷入危机。他们已经耗费了一半的时间，而项目还有90%的成果要交付。管理层对于开发人员不能及时完成任务感到很不高兴。开发人员对于管理层总是逼得这么急也觉得很不爽。剩下的时间，他们是应该用来修补bug，还是开发新功能？不管危机发展到什么程度，团队总是希望获得成功，然而他们不知道该怎么办。所做的每件事情都让他们落后更远。他们感到了威胁并且不愿再做任何决策。

Venkat没有试图一次解决全部的问题，他必须先稳定病人的状况，使用了下面这些促进沟通和协作的敏捷习惯作为开始：第18页习惯3，第148页习惯38，第162页习惯43，以及第168页习惯45。以此为起点，下一步要引入一些与发布相关的习惯，比如第55页习惯13，第58页习惯14。最终，他们采纳了一些与编码相关的习惯，比如第132页习惯34，第136页习惯35。这就足够解决目前的危机了，项目比预定时间早两周完成，并得到了管理层的认可。

这就是紧急救助的模型。如果事态没有那么糟，可以采取更加全面、整齐的方式来引入敏捷习惯。无论你是经理，还是团队带头人，或者只是一个对敏捷感兴趣、试图从组织内部发起敏捷过程的程序员，我们都有一些针对性的建议。

9.3 引入敏捷：管理者指南

作为一个管理者或者团队的带头人，有责任先让整个团队知道接下来将要发生什么。要向大家说明*敏捷开发是要让开发人员的工作变得更加轻松*，这主要是为了他们好（根本上来看，对用户和组织也是有益处的）。如果没有达到这样的效果，那就是有些地方出了问题。

要慢慢来。记得领导所做的每一个小动作，都会随着时间对团队产生巨大的影响。①

将这些主意介绍给团队的时候，要说明在第10页第2章中的几条基本原则。确保每个人都知道项目将会以此运转——而不只是口头上说说而已。

① 可以查看《门后的秘密：卓越管理的故事》[RD05]，这是一本关于如何领导团队和提升管理技能的好书。

从立会开始（见第148页习惯38）。这可以让团队有机会进行彼此讨论，并对一些重大问题达成共识。把之前相对孤立的架构师带到团队中，并让他们参与到日常开发工作（见第152页习惯39）。开展非正式的代码复查（见第165页习惯44），并做出计划，让客户与用户也参与到项目中来（见第45页习惯10）。

接下来要准备好开发的基本环境。也就是说要开始采纳（或改进）基本的入门级别习惯。

- 版本控制
- 单元测试
- 自动构建

版本控制是第一要务。在任何项目中，它都必须是要最先搭建好的基本架构。设置好后，就要为每个开发人员安排好各自要使用的本地构建项目，这些项目要与服务器保持一致，可以通过脚本运行构建操作，还要能够运行任何可用的单元测试。这些都搞定之后，就可以开始为正在开发的新代码创建单元测试，并按需为已有代码创建新的测试了。最后，要准备一台供后台运行持续构建的机器，使之起到棒球比赛中“挡球网”的作用，以捕获任何发生的问题。

如果你对这些领域不熟悉，到最近的书店（或www.PragmaticBookshelf.com）去买一本《软件项目成功之道》[RG05]，它会告诉你如何设置相关的环境和运行机制。入门工具箱（Starter Kit）系列图书可以帮你完成如何在特定环境下配置版本控制、单元测试，以及自动化等具体细节。

基础架构搭建好后，就要考虑如何将项目和团队带入到固定的节奏中了。可以再次阅读第43页第4章，来了解项目的时间安排和节奏相关的内容。

现在应该已经对基本知识都有所了解了，接下来应该调整习惯，以让它们适用于你的团队。在设定环境时，可以回顾一下在第76页第5章，接下来再看看在第98页第6章和第138页第7章，了解如何以敏捷的方式来解决日常问题。

最后，开始引入在第26页第3章提到的自备午餐会和其他习惯，并开始使用在第146页第8章**敏捷协作**的习惯，让团队可以紧密配合，共同工作。但这并不是结束，还有很多其他工作可以开展，很多习惯可以采纳。

要不时——也许是在每个迭代结束后，或每个版本发布完成后——举办项目回顾会议。从团队处得到反馈：哪些做得不错，哪些需要调整，哪些不起作用。如果之前采纳的某个习惯没有达到预期效果，翻回头查阅本书中对应习惯的“**切身感受**”和“**平衡的艺术**”两个部分，看看是不是有哪些细节方面出了问题，并且进行修正。

9.4 引入敏捷：程序员指南

如果你不负责带领团队，但是希望让大家向敏捷的方向努力，就要面临不少挑战了。不单要完成前一节列出的各种事项，还应该通过实际的例子，而不是行政命令来引领大家。

有句老话说得好：“你可以把马带到水边……但是你不能强迫它使用你最钟爱的代码编辑器。”[①] 当然，除非你已经用得非常熟练了。只要好处明显，团队成员肯定会希望尽快着手使用的。

举例来说，从单元测试开始是一个不错的选择。可以先针对自己的代码开始使用。在短时间之内（几周甚至更少），就可以看到代码质量提升了——减少了错误的数目，提高了质量，健壮性也有所提升。你下午5点就可以下班回家，而且所有的任务都可以顺利完成——不必担心半夜被电话叫醒，去修复bug。旁边的开发人员想知道你是如何做到的，而且消息也渐渐传开了。整个团队现在都想尝试这些新奇的习惯，而不需要你努力去说服他们。

如果要将团队带入新的领域，必须首先以身作则。所以不妨从可以马上着手的习惯做起。在第10页第2章中的习惯是个不错的起点，比如这几个偏重编码的习惯：第78页习惯19和第82页习惯20；还有第98页第6章和第128页第7章中的习惯。还可以在自己机器上运行一个持续构建服务器，发生问题时可以马上知道。队友可能会觉得你有“千里眼”呢。

① 西方谚语，原文为：You can lead a horse to water, but you cannot make him drink（你可以带马到水边，但不能勉强它喝水）。其意指：善意不足以成事。——译者注

过些时间之后，可以试着开始一些非正式的自备午餐会（见第31页习惯6），与大家一起讨论关于敏捷项目的节奏（见第40页习惯9）和其他感兴趣的话题。

9.5 结束了吗

本书内容马上就要结束了，下面该怎么做就看你自己了。不妨应用这些习惯，看看对自己有哪些好处，也可以带领整个团队着手，以更加轻松和快速的方式开发更好的软件。

可以访问我们的网站，在那里可以找到作者的博客以及其他文章，包括相关资源的链接。

感谢你的阅读。

Venkat & Andy

附录

资 源

A.1 Web 资源

敏捷开发人员

http://www.agiledeveloper.com/download.aspx

Agile Developer下载页面，从中可以找到Venkat Subramaniam的文章和演示。

Andy的博客

http://toolshed.com/blog

Andy Hunt的博客，覆盖了很多话题，甚至还有一点关于软件开发的内容。

Anthill

http://www.urbancode.com/projects/anthill/default.jsp

控制构建过程、达到持续集成效果的工具，可以提升组织内部的知识共享程度。

Unix编程艺术

http://www.faqs.org/docs/artu/ch04s02.html

Eric Steven Raymond的《Unix编程艺术》一书节选。

持续集成

http://www.martinfowler. com/articles/continuousIntegration.html

告诉你持续集成好处所在的文章。

CruiseControl

http://cruisecontrol.soureforge.net

主要供开发Java应用使用的持续集成工具。供.NET平台使用的C#版本名为CruiseControl.NET，可从http://sourceforge.net/projects/ccnet下载。

Damage Control

http://dev.buildpatterns.com/trac/wiki/DamageControl

用Ruby on Rails编写的持续集成工具。

Draco.NET

http://draconet.sourceforge.net

供.NET平台使用的持续集成工具，通过Windows服务的方式运行。

依赖倒置（Dependency Inversion）原则

http://c2.com/cgi/wiki?DependencyInversionPrinciple

介绍依赖倒置原则的短文。

FIT集成测试框架

http://fit.c2.com

可以自动对比客户期望结果与应用实际运行结果的协作工具。

Google Groups

http://groups.google.com

访问用户组讨论的站点。

信息辐射器

http://c2.com/cgi-bin/wiki?InformationRadiator

对Alistair Cockburn信息辐射器概念的讨论。

设计已死？

http://www.martinfowler.com/articles/designDead.html

Martin Fowler所写，关于设计在敏捷开发中的重要意义和角色的文章。

JUnit

http://www.junit.org

供使用JUnit或其他语言测试工具XUnit系列测试框架的软件开发人员使用的站点。

JUnitPerf

http://www.clarkware.com/software/JUnitPerf.html
一系列JUnit测试用的decorator模式代码，用来测算现有JUnit测试用例中功能的性能和可伸缩性。

NUnit

http://sourceforge.net/projects/nunit
专供使用NUnit的软件开发人员使用的站点。

面向对象设计原则

http://c2.com/cgi/wiki?PrinciplesOfObjectOrientedDesign
集合了多个极佳的面向对象程序设计原则的网页。

对象-关系映射

http://www.neward.net/ted/weblog/index.jsp?date=20041003#1096871640048
Ted Neward对框架的讨论，包括他著名的引语“对象关系映射就是计算机科学中的越南战场”。

开放-封闭原则

http://www.objectmentor.com/resources/articles/ocp.pdf
介绍了开放-封闭原则的实例和限制。

开放-封闭原则简要介绍

http://c2.com/cgi/wiki?OpenClosedPrinciple
关于开放-封闭原则优劣的讨论。

注重实效的编程

http://www.pragmaticprogrammer.com
Pragmatic Programmer公司的主页，可以从中找到Programtic Bookshelf书籍（包括本书）的链接，包括供开发人员和管理层使用的信息。

单一职责原则

http://c2.com/cgi-bin/wiki?SingleResponsibilityPrinciple
描述了单一职责原则，并提供了相关文章和讨论的链接。

软件项目管理实践：失败与成功

http://www.stsc.hill.af.mil/crosstalk/2004/10/0410Jones.html

Capers Jones对250个软件项目成败的分析。

测试驱动开发

http://c2.com/cgi/wiki?TestDrivenDevelopment

对测试驱动开发的介绍。

软件工程的末日和经济合作博弈的黎明

http://alistair.cockburn.us/crystal/articles/eoseatsoecg/theendofsoftwareengineering

Alistair Cockburn对为什么软件开放应被划归工程学领域的质疑，以及对新模型的引入。

所门战役的悲剧：第二个巴拉克拉瓦战役

http://www.worldwar1.com/sfsomme.htm

本站点讨论了第一次世界大战中所门战役的结果。

为什么你的代码很烂

http://www.artima.com/weblogs/viewpost.jsp?thread=71730

Dave Astels讨论代码质量的一篇博客文章。

XProgramming.com

http://www.xprogramming.com/software.htm

包括测试工具在内的资源集合。

你不会需要它

http://c2.com/cgi/wiki?YouArentGonnaNeedIt

对于“你不会需要它”原则优劣的讨论。

A.2 参考书目

[Bec00] Kent Beck. *Extreme Programming Explained: Embrace Change.* Addison-Wesley, Reading, MA, 2000.

[Cla04] Mike Clark. *Pragmatic Project Automation: How to Build, Deploy, and Monitor Java Applications.* The Pragmatic Pro- grammers, LLC, Raleigh, NC, and Dallas, TX, 2004.

[FBB+99] Martin Fowler, Kent Beck, John Brant, William Opdyke, and Don Roberts. *Refactoring: Improving the Design of Existing Code*. Addison Wesley Longman, Reading, MA, 1999.

[Fow05] Chad Fowler. *MyJobWent to India: 52 Ways to Save Your Job*. The Pragmatic Programmers, LLC, Raleigh, NC, and Dallas, TX, 2005.

[GHJV95] Erich Gamma, Richard Helm, Ralph Johnson, and John Vlissides. *Design Patterns: Elements of Reusable Object-Oriented Software*. Addison-Wesley, Reading, MA, 1995.

[HT00] Andrew Hunt and David Thomas. *The Pragmatic Programmer: From Journeyman to Master*. Addison-Wesley, Reading, MA, 2000.

[HT03] Andrew Hunt and David Thomas. *Pragmatic Unit Testing in Java with JUnit*. The Pragmatic Programmers, LLC, Raleigh, NC, and Dallas, TX, 2003.

[HT04] Andrew Hunt and David Thomas. *Pragmatic Unit Testing in C# with NUnit*. The Pragmatic Programmers, LLC, Raleigh, NC, and Dallas, TX, 2004.

[Jon98] Capers Jones. *Estimating Software Costs*. McGraw Hill, 1998.

[Knu92] Donald Ervin Knuth. *Literate Programming*. Center for the Study of Language and Information, Stanford, CA, 1992.

[Lar04] Craig Larman. *Agile and Iterative Development: A Manager's Guide*. Addison-Wesley, Reading, MA, 2004.

[LC01] Bo Leuf and Ward Cunningham. *The Wiki Way: Collaboration and Sharing on the Internet*. Addison-Wesley, Reading, MA, 2001.

[Lis88] Barbara Liskov. Data abstraction and hierarchy. *SIGPLAN Notices*, 23(5), May 1988.

[Mar02] Robert C. Martin. *Agile Software Development, Principles, Patterns, and Practices*. Prentice Hall, Englewood Cliffs, NJ, 2002.

[Mas05] Mike Mason. *Pragmatic Version Control Using Subversion*. The Pragmatic Programmers, LLC, Raleigh, NC, and Dallas, TX, 2005.

[Mey97] Bertrand Meyer. *Object-Oriented Software Construction*. Prentice Hall, Englewood Cliffs, NJ, second edition, 1997.

[MR84] William A. Madden and Kyle Y. Rone. Design, development, integration: space shuttle primary flight software system. *Communications of the ACM*, 27(9):914–925, 1984.

[Rai04] J. B. Rainsberger. *JUnit Recipes: Practical Methods for Programmer Testing*. Manning Publications Co., Greenwich, CT, 2004.

[RD05] Johanna Rothman and Esther Derby. *Behind Closed Doors: Secrets of Great*

Management. The Pragmatic Programmers, LLC, Raleigh, NC, and Dallas, TX, 2005.

[RG05] Jared Richardson and Will Gwaltney. *Ship It! A Practical Guide to Successful Software Projects*. The Pragmatic Programmers, LLC, Raleigh, NC, and Dallas, TX, 2005.

[Roy70] Winston W. Royce. Managing the development of large software systems. *Proceedings, IEEE WECON*, pages 1–9, August 1970.

[Sch04] Ken Schwaber. *Agile Project Management with Scrum*. Microsoft Press, Redmond, WA, 2004.

[Sen90] Peter Senge. *The Fifth Discipline: The Art and Practice of the Learning Organization*. Currency/Doubleday, New York, NY, 1990.

[Sha97] Alec Sharp. *Smalltalk by Example: The Developer's Guide*. McGraw-Hill, New York, NY, 1997.

[Sub05] Venkat Subramaniam. *.NET Gotchas*. O'Reilly & Associates, Inc., Sebastopol, CA, 2005.

[TH01] David Thomas and Andrew Hunt. *Programming Ruby: The Pragmatic Programmer's Guide*. Addison-Wesley, Reading, MA, 2001.

[TH03] David Thomas and Andrew Hunt. *Pragmatic Version Control Using CVS*. The Pragmatic Programmers, LLC, Raleigh, NC, and Dallas, TX, 2003.

[TH05] David Thomas and David Heinemeier Hansson. *Agile Web Development with Rails*. The Pragmatic Programmers, LLC, Raleigh, NC, and Dallas, TX, 2005.

[You99] Edward Yourdon. *Death March: The Complete Software Developer's Guide to Surviving "Mission Impossible" Projects*. Prentice Hall, Englewood Cliffs, NJ, 1999.

索　引

D

E

F

G

H

I

J

K

L

M

N

O

P

Q

R

S

T

U

V

W

X

Y

Z

图灵教育

站在巨人的肩上

Standing on the Shoulders of Giants

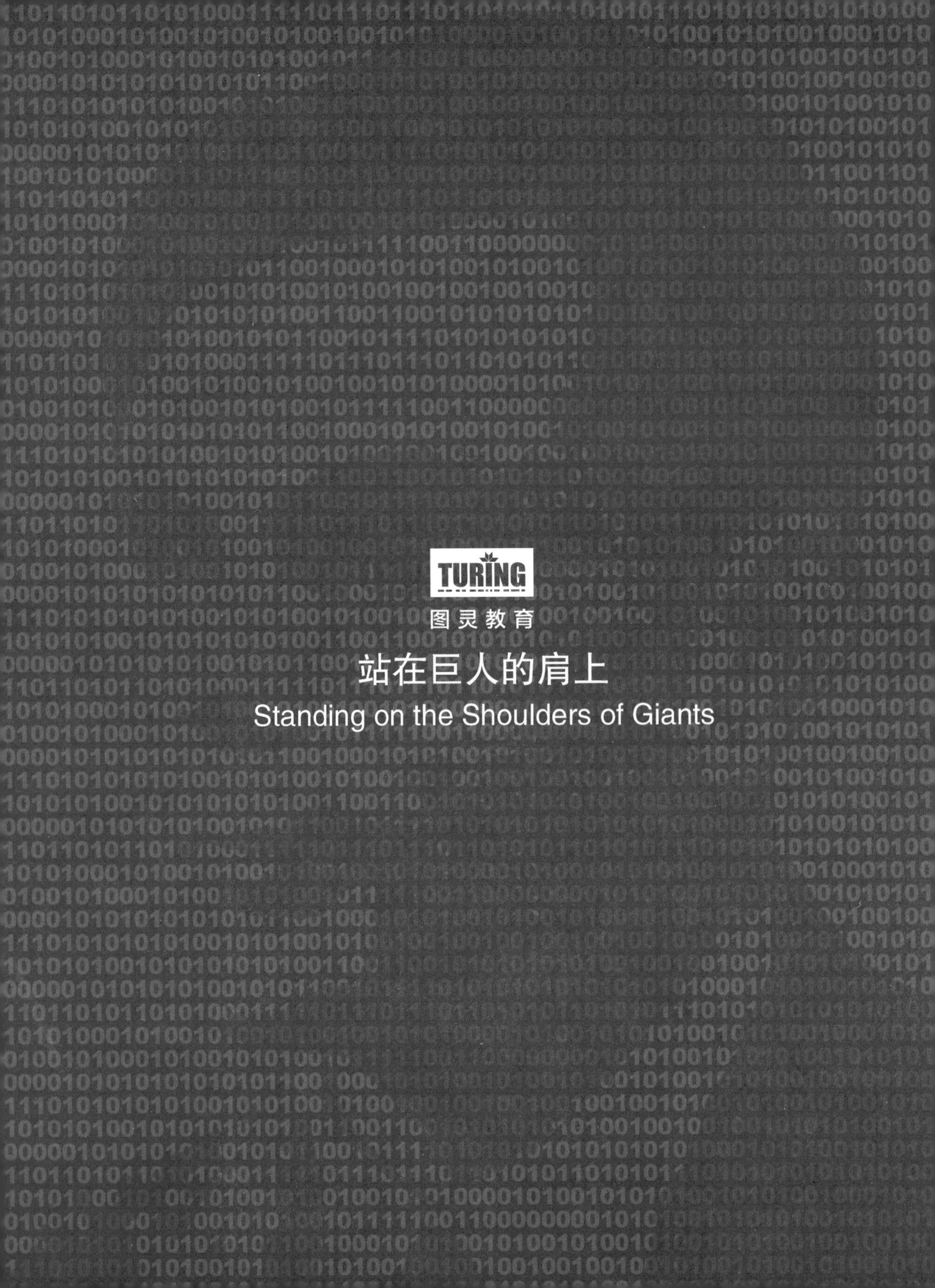
TURING
图灵教育
站在巨人的肩上
Standing on the Shoulders of Giants